奇趣科学探索之旅

潜入深邃的海洋

OCEAN

张康 编著

浙江科学技术出版社

生命在于运动,更在于探索。

运动可以强健我们的体魄,探索却可以武装我们的大脑,宽广我们的胸怀。因为每一次探索之旅,都会让人有所获益,不管是知识,还是情感。

这一次的奇趣科学探索之旅也不例外。你会感叹世界之大,超乎你的想象;世界之奇,让你惊得合不拢嘴;世界之妙,让你心悦诚服。翻开每一本书,就像是开启一场让你惊叹的知识旅程。你会发现:

宇宙是如此广袤 —— 穷尽一生都无法数清到底有多少颗星星,而我们生存的地球却只是其中的沧海一粟。

……这一次旅行,我想你会在探索与发现中产生敬畏之心。

动物是如此奇妙 —— 千姿百态、各显神通只为生存下去,即便是逃命都只能用令人发指的龟速的树懒依然有着自己的保命手段。

……这一次旅行,我想你会在探索与发现中产生好奇之心。

恐龙是如此神奇 —— 时代终结足迹难觅,但是它们的传奇依然值得让人追寻:遍布世界各地称霸地球却在一瞬间消失殆尽。

……这一次旅行,我想你会在探索与发现中产生警醒之意。

地球是如此美妙——土壤河流、风雨雷电，都是我们赖以生存的根基；生命的奇迹，自然的瑰丽无一不是自然之力的魅力。

……这一次旅行，我想你会在探索与发现中产生珍惜之意。

人体是如此有趣——原来人脑有如此大的潜力，放屁也不是无用之事，认识自己的身体才能更好地生活。

……这一次旅行，我想你会在探索与发现中产生崇敬之意。

科技创新是如此迅猛——无人驾驶、太空旅行、纸片手机，科技更新的速度是呈几何级递增的。

……这一次旅行，我想你会在探索与发现中产生紧迫之感。

海洋是如此深邃——我们生活在地球这颗蓝色的星球上，却对那片蓝色知之甚少。

……这一次旅行，我想你会在探索与发现中爆发强烈求知欲。

科学家们是如此具有人格魅力——坚持、努力、创新，不断向更高的目标进发，这就是科学家们的魅力人生。

……这一次旅行，我想你会在探索与发现中产生向往之情。

这些旅途的风景都是科学家们凭借自身的聪明才智对这个世界进行探索后绘制而成的。而他们在对未知世界进行探索的过程中，无一不是怀着对科学的敬畏和好奇之心，并且饱含着对生存及繁衍的警醒和珍惜之意。

所以，在完成这些探索之旅后，你将能以更加科学的态度去思考，以更加坚定的勇气去探索，以更加环保的意识去续写自己和人类的探索新篇章！

谨以此套丛书献给热爱科学和喜欢探索的孩子们！

目录 Contents

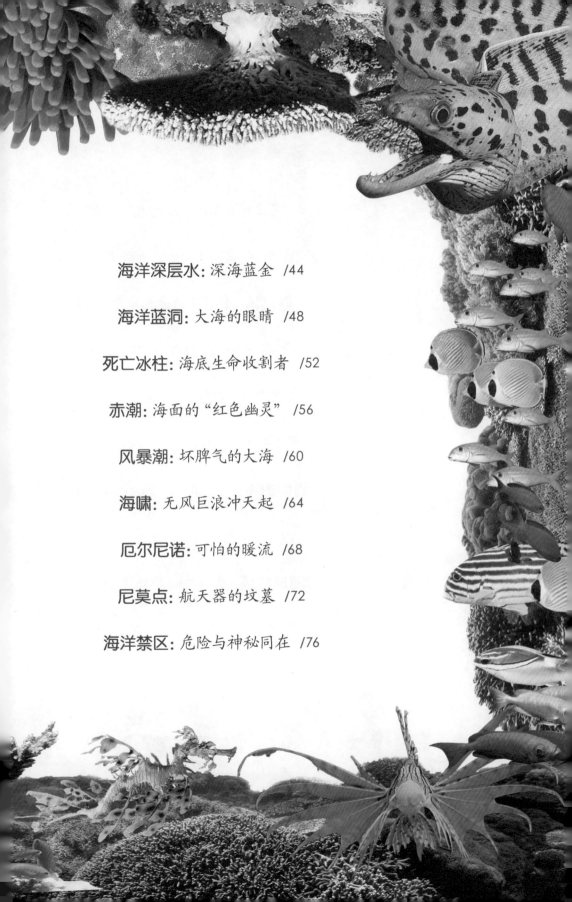

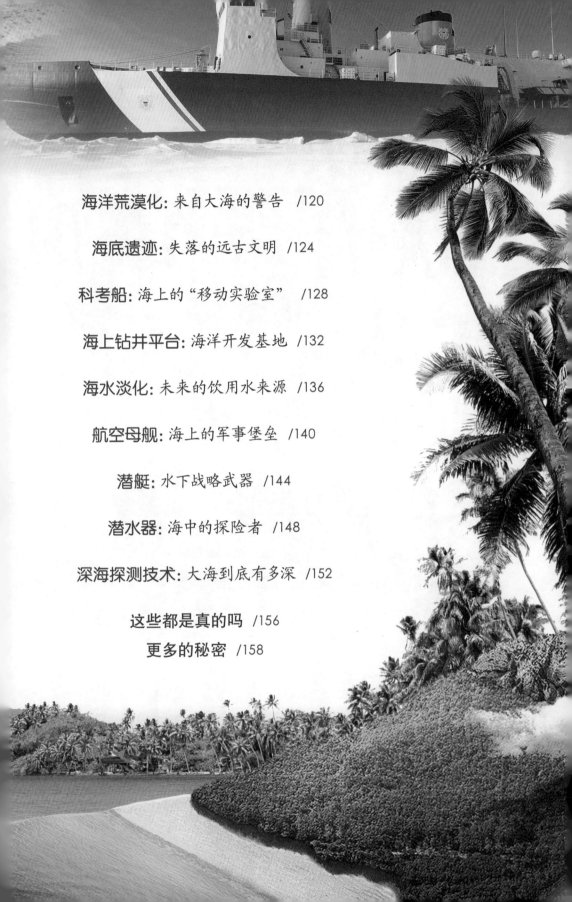

蓝色：
地球的主色调

地球表面被海洋覆盖，所以又被称为"蓝色星球"。海洋是地球上面积最广阔的水体的总称，中心部分称为洋，边缘部分称作海。

◎蓝色的大水球

从外太空拍摄地球的照片显示地球表面大部分是蓝色的，所以地球也被称为"蓝色星球"。那些蓝色的部分就是海洋。

太阳系中还有个行星叫作水星，其实地球才更符合"水星"这个称呼。地球上海洋的总面积约为3.6亿平方千米，占据了地球近71%的表面，所以有人管地球叫"大水球"。

水本来都是无色透明的，为什么海水会呈现出美丽的蓝色呢？其实，这都是太阳使的小魔法。

我们知道，太阳光的可见光部分是由赤、橙、黄、绿、青、蓝、紫七色光复合而成的，而水对波长较长的光吸收显著。当太阳光照射到海水时，波长较长的红光、橙光和黄光穿透力最强，最易被海水吸收。波

长较短的蓝光和紫光穿透力弱，遇到海水容易发生散射和反射。而人眼对紫光很不敏感，因此对海水反射的紫光视而不见，所以人眼看到的海水呈现蓝色。而在靠近沙滩的浅海，由于海水中悬浮物较多，颗粒较大，对绿光的吸收弱、散射能力强，所以近海岸海水多呈现浅蓝色或绿色。

◎海洋里的水

既然地球是一个"大水球"，为什么世界上还有不少地方缺水呢？地球表面的水大部分存在于海洋中，海水是咸水，盐浓度约为人体体液的4倍，喝海水不但起不到补充水分的作用，反而会造成人体脱水。所以海水无法被人类直接利用。

幸运的是，人类已经找到了淡化海水的方法，相信在未来，海水将成为饮用水的重要来源。

◎为什么会有这么多水

大约在45亿年前，太阳系中飘浮着无数的碎块，它们围绕着太阳转动。在转动的过程中，碎块相互碰撞，碎块不断地结合在一起，越来越大，这样就形成了原始的地球。

地球内部的压力不断变大，温度慢慢升高，最终地球内部的水分变成了蒸汽，连固体都熔化成了岩浆。蒸汽不断上升，涌向天空，在重力的作用下，又回到地球表面，形成了一场大暴雨。经过长时间的降雨，海洋就形成了。

◎ 五兄弟

人们把地球上的海洋分成五部分：太平洋、大西洋、印度洋、北冰洋、南冰洋。它们是亲密无间的"五兄弟"。

太平洋是老大，他最强壮，也最富有。太平洋位于美洲、亚洲、大洋洲和南极洲之间，总面积约1.8亿平方千米，几乎占地球海洋面积的一半。光看名字你就会知道，太平洋是一位和蔼可亲的大哥，脾气特别好。

大西洋是二哥，住在欧洲、非洲与美洲、南极洲之间的地方。印度洋是老三，住在亚洲、大洋洲、非洲和南极洲之间。其实印度洋只比大西洋小了六百多万平方千米，而且比大西洋要深，因此印度洋特别不服气，它不断扩大自己的地盘，希望有一天把大西洋挤下去，自己成为"二哥"。

北冰洋住在北极，一个特别寒冷的地方。21世纪前，北冰洋一直是家庭里最小的弟弟，但在2000年的时候，国际水文地理组织将南极的海域确立为一个独立的大洋。一直是弟弟的北冰洋也成了哥哥，虽然和南冰洋无法见面，可它特别喜欢这个弟弟，因为南冰洋和自己实在是太像了。

◎海洋里的宝藏

海洋是广阔的，也是神秘的，即便现在人类科技已经能将机器送到万米水下，然而对于海洋的开发还远远不够。这就好像你站在一个透明的满是玩具的房间外面，却进不去，只能利用墙上的小孔将最靠近的几件玩具拿出来把玩而已。

海底蕴含丰富的石油和天然气，世界上近一半的石油藏于海下。如我国领海附近的海域就储藏着40亿~50亿吨的油气资源，要是能够顺利开采，我国很有可能成为石油大国。

另外，海洋还是世界上最大的粮田，那这个粮田里会长出什么呢？答案是：海藻。对，你没有看错，海洋中的粮食就是海藻！许多海藻有很高的经济价值，很多种类可食用，如海带、紫菜等。曾有海洋学家指出：人们如果能充分利用海洋中大量生长的海藻，很多人将不再忍受饥饿，而且海藻中含有丰富的蛋白质和维生素，完全可以做成美味的食物，以解决人口增加带来的粮食问题。

海洋：
生命的摇篮

地球上的生命究竟是如何出现的，至今也没有一个明确的答案。然而，种种线索都指向海洋，那儿可能是最早出现生命的地方。

◎ 生命传说

早在几千年前，人类就开始思索生命从何而来，并因此产生了种种传说。其中，神造说的影响最大，最为深远，比如我国古人认为盘古开天地，女娲造万物，西方则认为是上帝创造了世间的一切。

不过，随着近代生物进化论的提出，"神创世界"的说法便被彻底否定了。

◎ 另类猜想

除了神造说外，自然发生说也曾在19世纪前广泛流行。这种学说认为，生命是从无生命物质中自然发生的。例如，我国古代所谓的"腐草为萤"（即萤火虫是从腐草堆中产生的）以及西方中世纪时期的"落叶成鱼"（即树叶落入水中变成鱼）。当然，这类学说随着人们对微观世界认识的加深，很快就消亡了。

　　另外，一些脑洞大开的人还曾提出过"生命起源于外星"的理论。具体来说就是，最初的地球上一片荒芜，寸草不生，一天，一颗巨大的陨石从太空坠落到了地面。陨石上携带着"生命胚种"，而它便是地球上最原始的生命。

　　这个假说听起来很刺激，但理论上根本不可能实现，因为外太空温度极低，又没有氧气，还有各种致命的辐射，"生命胚种"暴露在这样的环境里，要是还能存活，那作为"生命胚种"的后代，我们都应该是超人才对嘛！

从古至今，众多解释生命起源的说法都被否定了。1953年，美国芝加哥大学的研究生米勒进行了一个实验。在500毫升的烧瓶中注入约一半的水，将烧瓶中的空气抽走，注入氨气、甲烷和氢气，将水煮沸，最后经受火花放电。一周后，米勒在实验装置中检测出了氨基酸。氨基酸是蛋白质的基本单元，而所有的生命都是由蛋白质组成的。

米勒的实验设备就是用来模拟原始地球的自然环境：烧杯中的水代表原始的海洋，氨气、甲烷和氢气代表原始的大气层，火花放电是模拟天空中的闪电。

根据米勒的实验，科学家们提出了化学进化起源说。原始的地球上，无机小分子聚合形成氨基酸等有机小分子，有机小分子慢慢进化成原始的蛋白质分子，再进化成有机多分子体系，最终形成原始生命。而这一系列过程都是在海洋中完成的。

◎大氧化事件

原始地球的大气层中，一开始就充斥着氨气、甲烷和氢气，至于氧气，含量几乎为零，所以那个时候的地球生物并不需要靠氧气生活。

大约24亿年前，大气中的游离氧含量突然上升到了如今大气含氧量的1%，随后，海洋中首次出现了真核生物。自真核生物出现以后，在很长的一段时间里，地球海洋中的生命体几乎都是单细胞生物。

到了5.8亿至5.2亿年前，地球发生了第二次大氧化事件。这次事件彻底改变了地球大气的成分，使得大气氧含量达到了如今大气的60%以上，海洋也出现了全面氧化现象，为高等动物的出现和快速演化奠定了基础。

◎生物大爆发

在第二次大氧化事件发生后，地球便发展到了著名的寒武纪（约5.43亿至4.9亿年前）时期。这一时期，海洋仿佛被施了魔法，在短短数百万年至两千万年的时间内，出现了大量的前所未有的生命。

这种几乎"同时"地、"突然"地出现门类众多生物的现象，被古生物学家称为"寒武纪生命大爆发"。

如今，生命大爆发的原因对于人类来说依然是个谜。

海底地貌：
鲜为人知的地球表面

海底地貌是海水覆盖下的固体地球表面形态的总称，那里有高耸的海山，起伏的海丘，绵延的海岭，深邃的海沟，也有坦荡的深海平原。

◎ 海水的深度

海洋的平均水深是3800米，海岸线处最浅，越往大洋中心越深。太平洋的马里亚纳海沟是海洋最深的地方，深达11034米。如果把喜马拉雅山脉的最高峰珠穆朗玛峰（8844.43米）搬入马里亚纳海沟，它都无法露出海面。

根据水深，海洋从海岸线到大洋中心依次划分为滨海、浅海、半深海和深海四种环境。

◎ 大陆架

大陆架是大陆向海洋的自然延伸，是陆地的一部分。在大陆架海域中，到处都能发现陆地的痕迹。大陆架上的沉积物几乎都是由陆地上的江河带来的泥沙，其中还有尚未完全腐烂的植物枝叶等。在大陆架上，还经常能发现贝壳层，就是许多贝壳被压碎后堆积在一起，形成厚度不均的沉积层。

大陆架可以得到陆地上丰富的营养物质的供应，是最富饶的海域，这里盛产鱼虾，还有丰富的石油天然气储备。

◎ 海沟

海沟是海底凹地，分布于大洋边缘。海沟两侧坡度陡急，深度大于6000米，是大海中最深的地方。

对于海沟的定义，科学家们持有不同观点。有的认为，只要是水深超过6000米的长条形洼地就可以叫海沟。而另一些人则认为，只有位于火山岛附近的深沟才能叫海沟。

海沟是海洋板块和大陆板块相互作用的结果。海洋板块以30度上下的角度插到大陆板块的下面，两个板块相互摩擦，因而形成了长长的凹陷地带。

◎ 大洋中脊

过去人们认为大洋底部是平坦的，就像一个巨大的"平底锅"。19世纪，人们开始在海底铺设电缆时，才发现大西洋中间比两侧高出许多。第一次世界大战后，德国人为了偿还债务，建造了一艘考察船远赴大西洋寻找金矿。结果黄金没有找到，却发现在大西洋底有一条从北到南的海底山脉。

19世纪70年代，英国的一艘考察船再次发现了大西洋中部一条南北走向的山脊。20世纪30年代末，又相继发现了印度洋中脊和东太平洋海隆。50年代晚期，人们进一步获知这些海岭是相互连接的巨大环球山系。由于这些山脊大都位于大洋中部，于是人们称它们为大洋中脊，也叫作中洋脊。

大洋中脊附近地震和火山活动频繁，所以也叫活动海岭。不过震级一般不大，而且震源离海底比较近，主要是由这里的地幔物质上涌引起的强大拉张作用所造成的。

◎ 大洋盆地

大洋中脊与大陆边缘之间的地方叫大洋盆地，一侧与中脊平缓的山坡相接，另一侧与大陆或海沟相邻，大洋盆地是海底的主体部分，约占海洋总面积的45%。大洋盆地大部分都是水深4000~5000米的开阔水域，所以又称"深海盆地"。

深海盆地中最平坦的部分被称为深海平原，这也是地球表面最平坦的地区。

◎海山、海峰、海底高原

深海平原中地形比较突出的孤立高地叫海山，如果海山是锥子形，比周围高出1000米以上，甚至可能露出海面的，那么就叫海峰。有些海山的顶部遭到海浪的侵蚀，现在已经变得平坦，并且位于海面之下，它们被称作海底平顶山，海底平顶山在太平洋中最常见。

大洋盆地中还有一些比较开阔并且隆起的地区，而且没有火山活动，这些地区被称为海底高地或海底高原。

◎海里也有河流

科学家们用声呐探测海底，发现了许多类似河渠的沟壑。于是他们大胆猜测，海底也存在河流，不过一直以来都没有在这些河渠中发现流动的活水。

2010年7月，英国利兹大学的一个研究团队使用遥控潜艇对土耳其附近的海床进行了扫描，发现了黑海的海底河流。这条海底河流的流速为每小时6.4千米，河水流量每秒钟高达2.2万立方米。

按照流量计算，这条海底河流的流量是泰晤士河的350倍，比欧洲最大的河流莱茵河大10倍，这是目前发现的唯一一条活跃的海底河流。它的河水来自地中海。

洋流：
生态系统的平衡器

洋流又称海流，是指大洋表层海水常年大规模地沿一定方向进行的较为稳定的流动，对地球表面环境有着巨大的影响。

◎ 暖流与寒流

如果洋流的水温比到达海区的水温高，称为暖流；反之，则称为寒流。一般从低纬度流向高纬度的洋流为暖流，从高纬度流向低纬度的洋流为寒流。

◎ 风海流

大风吹拂着海面，推动海水流动，表层的海水又带动深层的海水，形成大规模的海水运动。这种洋流叫作风海流，又称作漂流或者吹送流。

风海流是洋流的主要形式，大部分海洋水体运动的动力都来自大气运动。由于海岸和海底的阻挡及摩擦作用，洋流在近海岸和接近海底处，与在开阔海洋上有很大的差别。

◎ 密度流

辽阔的大海上，有的海域受到烈日的炙烤，有的海域暴雨一下就是几天，有的海域冰山渐渐融化，有的海域海水冻结成冰。

在这样的情况下，不同海域海水的盐度和温度就有差别，从而也导致了海水密度的不同。海水密度变小，体积会变大，海平面会升高；反之，海水密度变大体积会减小，海平面会下降。不同的海域之间就产生了高度差，海水会从高处流向低处，造成海水的运动。这种由重力和密度差所导致的高密度流体向低密度流体下方侵入的活动，就是密度流。

◎ 补偿流

一处海域的海水流向其他海域，这个海域的海水就变少了，这时，周围海域的海水就会流向这里，这样形成的洋流叫作补偿流。补偿流有两种：一种是水平方向的，另一种是垂直方向的。

◎ 天然渔场

洋流经过的海域，海水受到扰动，会将深层的营养成分带到表层，有助于鱼类的大量繁殖。世界四大渔场的形成都与洋流活动有关。

在寒流和暖流交汇的地方，海水流速大大降低，几乎停滞不前。鱼群一般习惯顺着洋流运动，一旦海水停滞，鱼群也会停下来，就像有看不见的障碍物阻挡着它们，交汇的地方被称为"水障"。这种"水障"会令鱼群集中起来，形成较大的天然渔场。

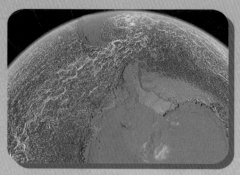

◎ 调节气候

洋流有着调节气候的巨大作用，洋流系统能促进地球高低纬度地区的能量交换。暖流将低纬度的热量向高纬度传输，寒流可以降低温度、增加湿度。假如没有洋流，赤道附近将热得寸草不生，南北极也会冷得无法居住。

地球上的洋流系统好比一台精密的仪器，其中的任何一个环节出了差错，都会对人类的生活产生巨大影响。德国波茨坦气候影响研究所研究发现，由于气候变化的加速，北大西洋环流自20世纪中叶以来已减弱15%。这种变化曾在2010年至2019年间导致美国大西洋某些海平面骤然上升了12厘米。如果环流继续减弱，海平面上升的速度将持续加快，进而给周围人们的生活造成重大影响。

◎ 洋流能

洋流发电是利用洋流推动涡轮发电机来发电的。我国洋流能的开发虽然起步较晚，但是目前已经取得了巨大的成功。2016年，我国台湾省的一个科研团队成功利用黑潮进行了发电。

黑潮是太平洋洋流的一部分，经过台湾东部海域，稳定而且流量充足。于是，该团队建立了水深900米的深海系泊系统与浮式平台，搭载低转速洋流能涡轮机，在每秒1.27米的流速下，平均发电功率可达26.31千瓦时。该平台也致力于测试不同洋流流速下的发电效率差异，为以后的洋流利用积累数据。

2017年7月，世界装机功率最大的林东模块化大型海洋能发电机组项目在我国浙江省舟山市通过专家验收。这标志着我国海流能发电已攻克"稳定"难题，成为世界上继英国、美国之后，第三个实现海流能发电并网的国家。

为了捕获更多的水流能量，加拿大蓝色能源公司还设想了一个新方案：在河流的入海口建设大桥，桥梁处安装涡轮机。这样做不仅能将对鱼类栖息环境的影响降到最小，而且入海口水流集中、湍急，可以使涡轮机获得更多的动力。

海底火山：
水下燃烧的熊熊烈火

海底火山是形成于大洋底部和浅海区的火山，包括活火山和死火山。海底火山又叫平顶海山或海底山。

◎ 海底的"火"

俗话说："水火不相容。"可为什么海底还会有"火"山呢？

火山里的"火"并不是我们生活中常见的火，而是岩浆。越往地球的深处，压力就越大，温度也就越高。地球固体圈层的最外层叫"地壳"，它的保温效果特别好。在高温高压的状态下，地球内部的物质呈液态，这就是岩浆。

岩浆的温度可达700~1300℃。岩浆从海底火山喷出后，会被海水迅速冷却，变成固体，但火山内部依旧是高温状态。

◎撞出来的火山

地壳好比鸡蛋壳，但是并不像鸡蛋壳那样完整，而是分裂为六个板块，它们是太平洋板块、亚欧板块、美洲板块、印度洋板块、非洲板块和南极洲板块。

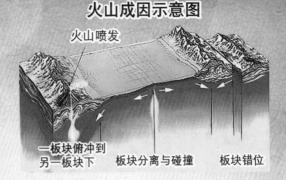

火山成因示意图

火山喷发

一板块俯冲到另一板块下　　板块分离与碰撞　　板块错位

这些板块一直在进行缓慢的运动，印度洋板块和非洲板块慢慢分开，亚欧板块和印度洋板块发生碰撞和挤压，南极洲板块在慢慢往北移动。

板块运动造成许多地质奇观，喜马拉雅山脉和红海就是因为板块运动而产生的。板块在相互挤压中，交界处会溢出岩浆，然后慢慢增高，最终形成火山岛。

◎ 火山岛

　　最初的海底火山隐藏在海底，一般面积并不大。海底活火山每隔一段时间就会爆发，每次都会喷射出岩浆和火山灰。经过几千年甚至上万年，岩浆和火山灰不断堆积，火山变得越来越高，最终，隐藏在海底的火山露出海面，形成海岛，这就是火山岛。夏威夷群岛、济州岛、菲律宾群岛、澎湖列岛都是世界上著名的火山岛。

　　火山岛主要由玄武岩构成。岩浆在凝固后会形成两种岩石，一种叫玄武岩，另一种叫花岗岩。玄武岩是火山爆发的岩浆形成的，而花岗岩则是岩浆渗透到地表附近形成的。

　　火山灰中富含丰富的营养，因此火山爆发后，附近的土地会变得异常肥沃，能孕育出茂盛的植物，最终形成奇妙的景观。夏威夷群岛的摩罗基尼坑火山口是一个新月形的海岛，深受潜水爱好者和海鸟的喜爱。这里过去曾是一个圆圆的火山口，千百年来，它不断喷发，形成了许多新的岛屿，才变成现在的样子。

◎ 洋脊火山

　　位于大洋中脊的火山叫洋脊火山，全球80％的火山都位于大洋中脊。一般来说，大洋中脊的顶部都有平行于其走向的锯齿状深谷，被称作中央裂谷。裂谷两侧是崎岖不平的断裂山脊，横断面呈"U"字形或"V"字形。它是由一系列正断层的拉开、错断活动形成的，是海底扩张的中心，因此这里常伴有频繁的地震和火山活动。

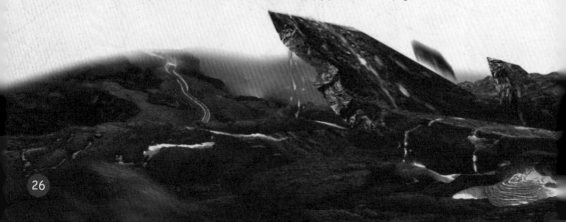

◎其他海底火山

陆地板块和海洋板块相碰撞，形成的边界叫作俯冲边界。俯冲边界分布着弧状的火山链，因为位于大洋边缘，所以叫边缘火山。除了边缘，大洋板块内部也分布着火山，这就是洋盆火山。

◎ **海底喷发**

大部分的海底火山喷发是肉眼无法观测到的。只有一些位置比较浅的海底火山在喷发时，扰动海水，导致在海面出现一些漂浮物，才容易被人们发觉。

2002年，新西兰北岛东北部1000千米以外的太平洋海底，发现一座火山，被命名为阿弗尔。2013年，一名女艺术家在接受新西兰《怀卡托时报》的采访时提到，她2012年乘坐飞机回新西兰的时候，曾看到海面上有漂浮物，她怀疑可能是海底火山喷发产生的物质。

两年后，经科学家确定，2012年阿弗尔火山确实喷发过，并且那次喷发是20世纪规模最大的海底火山喷发。阿弗尔火山14个火山口一字排开，喷发时威力巨大，可瞬间将地壳撕裂。

鬼界火山位于日本九州岛附近，它在7300年前曾经喷发过。2018年初，神户海洋探索中心教授耀西巽表示，这座火山的岩浆库正在膨胀，可能重新成长为活火山。这座火山一旦喷发，会引发大规模的海啸，将席卷日本南部和我国东南沿海地区，危及上亿人的生命安全。这座火山的状况已引起相关部门的重视，人们正在对它进行实时监控。

冰山：
危险的轮船杀手

冰山是大若山峰的冰，脱离了冰川或冰架，在海洋里自由漂流，通常多见于极地地区。冰山都是淡水冰。

◎ "泰坦尼克" 号

1911年5月31日，"泰坦尼克" 号在英国南安普敦下水。这艘轮船是当时世界上体积最庞大、内部设施最豪华的客运轮船，媒体大肆报道，声称 "泰坦尼克" 号永远不会沉没。

1912年4月10日，在南安普敦港的海洋码头，"泰坦尼克" 号出发前往纽约。码头上挤满了来送行的亲属和记者，他们看着 "泰坦尼克" 号慢慢驶向远方。然而，"泰坦尼克" 号的第一次出行，也成了最后一次。

4月14日晚，海面上风平浪静，由于船员的疏忽，"泰坦尼克" 号撞上了冰山，船上超过1500人遇难。

◎ 冰川

极地或者海拔较高的地区，积雪常年不融。随着时间的推移，雪花会聚集成雪球，接着相互挤压，逐渐形成冰川冰，最终发育成为冰川。

在重力的作用下，冰川会进行缓慢地滑动。1827年，一名地质工作者在阿尔卑斯山的老鹰冰川上修筑了一座石砌小屋。13年后，他惊奇地发现，这座小屋竟然向下游移动了1428米。而小屋移动的主要原因就是冰川移动，随着冰川的向下运动，小屋也跟着一起移动了。

◎漂流者

气候暖和的时候，冰雪融化的速度变快，冰川和大海接触的地方会发生断裂，掉入海中，冰山就这么形成了。

冰的密度略低于水，所以冰山是漂浮在海面上的。冰山的个头一般都很大，往往高达数十米。2017年7月，一座新的冰山从南极大陆分离，它的面积大约有上海市那么大。

◎冰山理论

浮在水面上的巨大冰山，水面之上的只是很小的一部分，大概只有十分之一，剩下的十分之九都隐藏在水下，肉眼难以看到。而人的自我也可能就是一座冰山，大家能看到的只有上面很少的一部分，而更多的部分则隐藏在更深的地方不被看到，这就是著名的"冰山理论"。

◎ 冰情巡逻队

正是因为冰山的海下部分难以观测，所以冰山才成了赫赫有名的"轮船杀手"。历史上许多著名轮船都是因为遭遇冰山才发生事故的。除了"泰坦尼克"号之外，1959年丹麦海轮"汉斯·赫脱夫特"号也在航行中撞上冰山，造成了严重的人员伤亡。

为了确保航行的安全，欧美国家专门成立了"国际冰情巡逻队"，其职责就是在北大西洋监测冰川的情况，及时向过往船只发布航道上的冰山分布情况。

◎ 海上群落

冰山上不仅仅只有冰。许多冰山已经存在了数万年之久，漫长的岁月中，冰山从海水和空气中获得了大量的矿物质。冰山漂流到较温暖海域后，冰块融化，矿物质就被释放到了海水中，使得藻类大量繁殖。以海藻为食的磷虾被吸引而来，形成群落。

之后，以磷虾为食的海鸟和海鸥会在冰山上落脚。水母等较大的海洋生物也会前来捕食磷虾。

依托冰山形成的长长的生物链，引起了生物学家的浓厚兴趣。一些生物学家认为，冰山的群落甚至会吸引虎鲸等大型掠食者的加入。

◎淡水库

世界上的淡水只占地球全部水量的2.5%，其中将近70%的淡水是储存在冰山中的。因此，人类一直希望能够充分利用冰山的淡水资源来解决缺水问题。19世纪30年代，美国斯克利普斯学院的依萨克教授想到一个主意，将冰山搬运到缺水地区，融化后供当地使用。

而这个看似可笑的设想，曾不断地受到一些人的关注。2017年，阿联酋某公司甚至还宣布了一项冰山迁移计划——将一座冰山从南极拖运到阿联酋富吉拉的海岸边，以此作为该地区的淡水来源。不过，该计划很快就遭到了当地政府部门的否决，因为没有相应的技术支持。当然，随着科技的发展，冰山迁移计划说不定在未来真的能够实现。

◎融化的冰山

全球气候变暖会引起许多问题，最严重的就是冰山融化。科学家预估，假如南北两极的冰川全部消融，海平面将会上升65米。世界上大部分的发达城市都位于沿海地区。美国的科技、教育、经济、文化中心几乎全部集中在东部海岸线，纽约和华盛顿首当其冲。我国沿海地区的平均海拔只有50米，万一冰山全部融化，这些地方将全部沦陷。

因此，每一个地球公民都应该爱护地球，崇尚科学，树立节约资源、保护环境的意识，自觉地从自己做起，从身边做起，为保护和改善地球环境做出应有的贡献。

台风：
海上的"超级怪兽"

在我国南海或西北太平洋地区，中心持续风速在12级（即每秒32.7米）或以上的热带气旋统称为台风。

◎热带气旋

热带或者亚热带的海面上，云层、大风、雷暴是最常见的，有时候三者结合在一起，会形成一个巨大的旋涡，人们称之为"热带气旋"。热带气旋通常十分庞大，最小的直径有300~400千米，最大的可以达到2000千米，相当于北京到深圳的距离。

热带气旋伴随着大风、大雨、风暴潮等极端天气，可能造成严重的生命财产损失，因此热带气旋是气象工作者的重要监控对象。

◎台风和飓风

中国气象局将热带气旋按照风速分为6个等级：热带低压、热带风暴、强热带风暴、台风、强台风和超强台风。最大风速在12级以上的热带气旋，就可以被称为台风或者飓风。台风是热带气旋在西北太平洋地区的称呼，在北大西洋及东太平洋地区叫飓风。在北半球，台风和飓风都按照逆时针旋转。

在我国古代，人们把台风叫飓风，到了明末清初才开始使用"飓风"（1956年，飓风简化为台风）这一名称。台风的英文叫typhoon，希腊语、阿拉伯语叫tufan，发音都和中文特别相似。

◎生命历程

台风的一生会经历孕育、成长、成熟、消亡四个阶段。

孕育：在太阳的照射下，海洋上的空气温度升高，热空气升入高空，周围的冷空气补充空缺后又被加热升空，就这样不断地循环。因为地球转动的关系，流入的空气会产生一定角度的偏斜，便慢慢旋转起来。

成长：在离心力作用下，位于中心的空气被甩出去，气压慢慢变小，空气涌入的速度越来越快。等到中心附近的风速达到一定等级的时候，台风就初步形成了。

成熟：台风旋转的速度不断变快，同时也在不断地移动，逐渐拥有了摧毁建筑物的能力。当台风靠近陆地的时候，气象台就会发布台风预警，提醒人们做好准备。

消亡：台风登上陆地之后，受到地面摩擦力的阻碍，再加上失去了海上的环境，风力会逐渐减弱，台风在陆地消亡后会留下积雨云，造成长时间降雨。如果台风没有来到陆地，就会逐渐前往高纬度的温带地区，变成温带气旋，随后慢慢减弱。

◎ 台风眼

台风的中心叫作台风眼，是一块直径几十千米的圆形区域。有些人认为，台风的中心肯定是风力最强的地方。然而恰恰相反，台风眼风平浪静，天气晴朗，在晚上还能看到星星。

台风的空气旋转速度极快，形成了一道风墙，将外围和内部的空气隔绝，中心的空气无法流动，自然变得异常平静。天气预报中，气象员经常会说："台风中心附近的最大风力可达XX级。"加上"附近"二字就是因为台风中心是没有风的。

◎ 起个好名字

每个台风都有一个名字，如"梅花""风苗柏""桑卡""天鸽""悟空"等等，可谓是五花八门。那么，台风的名字是怎么来的呢？

1997年11月25日至12月1日，世界气象组织台风委员会第30次会议在香港举行。会议决定，西北太平洋和南海的热带气旋采用具有亚洲风格的名字命名，并于2000年开始实施。

新的命名方法是制定一个命名表，命名表中有140个名字，主要由中国、柬埔寨、朝鲜、日本、老挝、马来西亚等14个国家或地区提供，每个国家或者地区10个，按照顺序循环使用。同时，原先使用的编号方法依旧保留。当一个热带气旋造成某个或多个成员国家的巨大损失，遭遇损失的成员国家可以向世界气象组织提出上诉，将名称除名。

命名表上的人名很少，大部分使用动植物或传说中的名字。比如"玉兔""悟空""杜鹃"这几个名字来源于我国；"科罗旺"来自柬埔寨，是一种树的名字；"莫拉克"来自泰国，意为绿宝石。

中国大陆提出的10个名称是：海葵、悟空、玉兔、白鹿、风神、海神、杜鹃、电母、木兰、海棠。

◎台风的礼物

台风会给人类造成危害，也会给人类带来一定的好处。有的台风登陆时可带来丰沛的淡水，能大大缓解人类的水荒。台风将赤道地区的热量带到高纬度地区，保持世界各地的冷热均衡。所以，台风对人类的生产和生活也是具有十分重要的意义的。

死海：
世界的肚脐

死海位于以色列、巴勒斯坦、约旦交界处，是世界上最低的湖泊，南北长86千米，东西宽5到16千米不等，湖面海拔-430米。

◎旱鸭子的福音

游泳是一项有趣的运动，尤其在炎炎夏日，清凉的池水是最佳的消暑工具。可是，不会游泳的人该怎么办呢？别急，死海可以解决这个问题。在这里，就算不会游泳，人也不会沉下去，你可以悠闲地仰卧在死海上，死海的水会托举着你自由地漂荡。

不过，想要稳稳地漂在死海上，还需要一定的训练，不然人很容易侧翻，一旦湖水进入眼睛，那滋味可真不好受。

◎死亡之海

死海对人类可以说是非常友好的，然而对其他生物而言可就很糟糕了——基本上没有生物能生活在死海中。死海沿岸的陆地上也是一片荒凉。

死海中的盐分浓度极高，是一般海水的8倍还要多，也是世界上盐分含量第三位的水体，仅次于吉布提的阿萨勒湖和南极洲的唐胡安池。这就是死海荒凉的原因。

死海被陆地包围，除了约旦河，不与其他的海洋或者河流相连。死海位于沙漠地区，属于地中海气候。地中海气候的特点是"冬季温和多雨"，但是死海附近的降雨特别少。再加上死海所在地区气候炎热，这些情况都让死海中的水分越来越少。

◎形成过程

数亿年前，叙利亚和巴勒斯坦地区都被地中海所覆盖。大概在2000多万年前，海底陆地慢慢升高，产生外约旦高地和巴勒斯坦中央山地的隆皱结构，出现形成死海凹地的断面，当时死海面积和现在差不多大小。随着地质的不断变化，以及大量的河水进入死海，带来了页岩、泥土、沙石、岩盐和石膏等沉积物，堆积在死海的边缘，慢慢地，死海里的水分逐渐蒸发减少，才成了如今的模样。

◎死海中的生物

如果发生比较大的洪水，其他河流里的鱼虾蟹有可能被冲到死海中，但它们很快就会死去。那么，到底有没有生物生活在死海中呢？

美国和以色列的科学家发现，在死海的咸水中，生活着一些细菌和海藻，其中盒状嗜盐细菌最让人感兴趣。

死海中的盐度太高，如果生物整天生活在其中，迟早会因为脱水而死。而盒状嗜盐细菌具有一种殊的蛋白质，在高浓度盐分的情况下，不会脱水，能够完好、安全地生存。

盒状嗜盐细菌的发现具有重大意义。科学家们正在尝试将盒状嗜盐细菌的基因移植到其他水生生物身上，希望培养出耐盐的品种，以改善淡水缺乏地区的生态环境。

20世纪80年代初，死海的水逐渐变红，经研究发现，水中正迅速繁衍着一种红色的小生命——盐菌。另外，人们还发现死海中有一种单细胞藻类植物。如此看来，死海也不是那么"死"嘛。

◎ 养生圣地

死海中的水不但含盐量高，而且富含矿物质，人如果经常在死海的海水中浸泡，可以治疗关节炎等慢性疾病。

如果你去死海旅行，肯定能够见到浑身涂满淤泥的"泥人"。他们可不是不小心掉进泥潭里的，而是自己把泥敷上去的。这是因为死海海底的黑泥含有丰富的矿物质，有提亮肤色、深层清洁、淡化纹路等功效。

◎ 死海真的要"死"了吗

在漫长的岁月中，死海不断地蒸发浓缩，海水越来越少，盐度越来越高。死海面临着水源枯竭的危险。科学家们曾发出警告，如若放任不管，100年之后死海将不复存在。

数据显示，20世纪40年代末，死海的面积有1000多平方千米，但是后来由于水坝限流、河流改道、矿物质提炼等原因，死海的面积开始急剧减少。到了2015年，其水位与1950年相比已经下降了约40米，岸边很多地方还出现了大小深浅不一的沉洞。

为了阻止死海消亡，2015年，约旦与以色列宣布将斥巨资修建"红海—死海运河"，将红海水引入死海。不过，由于各种原因，这个拯救死海的计划直到2018年才取得突破性进展。在最理想的情况下，该运河也要在2021年初才能开始建设施工，大约需要三年半的时间完成。这运河建成后能不能拯救死海，还无从得知。

海底扩张：
沧海桑田的变迁

"海底扩张"是加拿大科学家哈里•赫斯和罗伯特•迪茨分别提出的一种假设：海底地壳在不断地生长、运动。

◎ 大陆漂移假说

1910年的一天，年轻的德国气象学家魏格纳身体欠佳，躺在床上休养。百无聊赖中，他的目光落在墙上的一幅世界地图上。他意外地发现，大西洋两岸的轮廓竟是如此的相对应，特别是巴西东端的直角突出部分，与非洲西岸凹入大陆的几内亚湾非常吻合。自此往南，巴西海岸的每一个突出部分，恰好都对应非洲西岸同样形状的海湾；相反，巴西海岸每一个海湾，在非洲西岸就有一个突出部分与之对应。

这难道是巧合？这位年轻科学家的脑海里突然掠过这样一个念头：非洲大陆与南美洲大陆是不是曾经贴合在一起，也就是说，从前它们之间没有大西洋，由于地球自转的力量使原始大陆分裂、漂移，才形成了如今的海陆分布情况。

因为只是猜想，所以魏格纳将其称为"大陆漂移假说"。1914年，魏格纳将它发表在一篇论文上。20世纪20年代，"大陆漂移假说"引起了全球地理学家的广泛讨论，因为没有更多的证据，大部分人对这个理论持反对意见，有些人甚至讽刺道："魏格纳的归纳太轻率了，根本不考虑地质学的全部历史。他只是做了个美梦而已。"

◎力量来自哪里

以现在人类的科学技术，仍然不能完整地搬走一座大山，那么得多大的力量才能搬动一块陆地呢？有这样的力量吗？这力量又来自哪里呢？

在那场讨论中，魏格纳的支持者，英国地质学家霍姆斯发表了《放射性活动与地球运动》一文，认为"地幔对流"就是大陆漂移的动力。

地球的最外层叫地壳，地壳的下面就是地幔，主要由固体构成。地幔的体积约占地球总体积的80%以上，地幔的质量约占地球总质量的66.9%，是地球的主体部分。尽管是固体，地幔却在不停地运动着，这就是"地幔对流"。地幔中含有许多放射性物质，它们在不断地蜕变，在此过程中，它们的热量增加，密度减小，体积变大，从而向地球表面靠近。当地幔物质接近坚硬的岩石层时，没办法再向上升，转而向四周扩散，因此引起了大陆板块的活动。

地幔物质向上冲的时候，会使地表隆起，甚至将地表撕裂，许多海底山脉就是这样形成的。而下降的时候，地幔则会拖着地表下沉，形成大量的海沟、山谷。

"地幔对流"给"大陆漂移假说"提供了理论依据，但是当时有些人认为这也是无稽之谈，甚至有人称之为"伪科学"。

◎海底扩张

1960年，美国普林斯顿大学的地质学家哈里·赫斯提出了一个论断：大陆是永恒的，大洋不是，大洋底部每隔2亿年就会更新一次。他认为海洋底层不断在地球的一边新生，同时也不断在地球另一边消失。第二年，美国海军电子实验室的罗伯特·迪茨也提出了相同的观点，并且称之为"海底扩张"。

由于地幔温度特别高，固体变成了岩浆，威力巨大，它们不断冲击大洋中部，形成了连绵万里的大洋中脊。在强大力量的冲击之下，大洋中脊出现了裂缝，岩浆从裂缝中涌出。岩浆遇水凝固，形成新的海底地壳。这样，岩浆不断冒出、冷却，将洋底推向两边。

海沟　　　　大洋中脊

海底火山

俯冲带

地幔柱

◎证据确凿

　　"海底扩张"说是对"大陆漂移"说和"地幔对流"说的继承和发展，这一次，它让所有的怀疑者都闭上了嘴巴。地质学家经过多方研究后发现，各大洋海底扩张速率不同，为每年1~15厘米。

　　之前，科学家们在大洋中脊钻孔，收集了一些岩石的标本，经过检测，这些岩石的年龄不超过两亿年，全都是"小年轻"。同时，他们还发现离大洋中脊越远的海底沉积物年龄越大。在陆地上发现的海洋生物化石，有的已经有几十亿年的历史。这些现象都印证了"海底扩张"说。

海洋深层水：深海蓝金

顾名思义，海洋深层水是指海洋深处的海水，它们大量存在于距陆地5000米以外、水深200米以下的地方。

◎深层海水的由来

在大约2000年前，北极冰山以及阿拉斯加冰河开始融化。融化后的大量冰水由于含盐量极低，无法立即融于含有高盐分的温暖海水里，最后只得逐渐沉淀于海底。在海底高压环境的影响下，这些冰水成为深层海水，并顺着海洋环流，经由大西洋、印度洋来到了太平洋。

深层海水是海洋的精华，很早就被认定为重要的海洋资产，一些海洋专家更是将其誉为"21世纪的深海蓝金"。

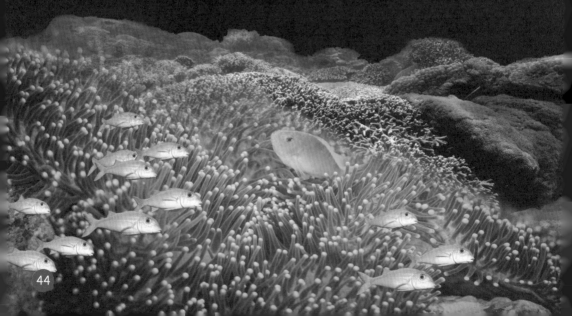

科学研究表明，海洋深层水至少具有四大特性。

稳定性：海洋深层水终年温度不变，恒定于8～10℃之间。由于所处位置特殊，它们往往还会在同一深度流动成百上千年，也就是说条件成熟的话，现在的人们完全有机会喝到"古代"的水。

再生性：由于海洋深层水占海水总量的比例超过了90%，所以从某种程度来讲，它们是取之不尽用之不竭的。倘若人们对这一点能善加利用的话，水资源短缺的问题将会得到大大缓解。

无菌洁净性：海洋深层水大多处于无阳光进入的"无光层"，那里隔绝空气且远离各种污染源，所以其内部病菌极少，细菌含量甚至只有表层海水的百分之一。另外，这种深层海水还很洁净，几乎不含任何杂质，如果人类用它们制盐的话，得到的盐将会是纯白色的。

矿物质丰富性：海洋深层水除了富含镁、锌、锰、硒等珍贵的深海矿物微量元素外，还包含有大量的氮、磷等无机盐类。再加上其水分子团的分子结合角与人体内水分、血液的分子结合角极其近似，所以它们很容易被人体吸收。

◎鱼类天堂

受海底地形和气象条件的影响，某些海洋深层水会自然而然地涌升到海面上来，从而形成人们常说的"涌升海域"。据统计，在茫茫大海之中，能称得上"涌升海域"的地方仅占全球海洋面积的0.1%，但是那里集中了海洋鱼类资源的60%，甚至更多。

原来，海洋深层水富含微量元素，它们涌升到海面后会让浮游生物以及藻类快速生长，从而为鱼类提供充足而美味的食物。也就是说，如果鱼类有幸生活在涌升海域，那无异于来到了天堂，因为待在那里根本不愁吃喝。

◎养鱼新招

正因为"涌升海域"有着极高的鱼类生产量，所以人们一直在想办法抽取深层海水来人工制造"涌升海域"。对此，也许有人担心大规模抽取海洋深层水会破坏生态环境。其实，这样做不仅不会对环境造成

不利影响，反而会起到一些积极作用。因为抽取上来的海洋深层水会先用于养殖大量的浮游植物，而浮游植物能通过光合作用吸收大量的温室气体，比如二氧化碳。

◎绿色药品

近年来，人们发现海洋深层水在医学领域也有着巨大的潜力，甚至可以充当某种"绿色药品"。例如，当医生们用深层海水给那些患有先天性过敏皮炎的患者治疗时，患者的症状会得到明显的缓解。不过，限于当前的科技水平，医生们尚不清楚到底是深层海水中的哪种成分发挥了作用。

海洋蓝洞：
大海的眼睛

海洋蓝洞是指在某些风平浪静的海面上，出现的一片呈深蓝色的圆形水域，从高空俯瞰，它就像是深邃的海洋眼睛一样。

◎神秘传说

海洋蓝洞虽然本质上是一种位于海面之下的巨大洞穴，但由于它非常罕见，并且其外观常常给人一种震撼之感，所以一直以来都充满了神秘色彩，在古代更是有着诸多传说。例如，古罗马时代的人将其描述为女巫修身养气、训练魔力的基地。而古印第安人认为，海洋蓝洞里住着一种长着鲨鱼脑袋和鱿鱼尾巴的怪兽。这种怪兽名为卢斯卡（音译），它们性情残暴，常常将靠近蓝洞的人卷走，然后拖入深水中吃掉。

◎最后的遗产

海洋蓝洞作为地球上罕见的自然地理现象，在过去一直是人类的"禁区"，它们有的甚至已经在海洋中沉睡了几亿年，并保存至今。现在，人们在科技的帮助下，才开始慢慢掀开海洋蓝洞的神秘面纱。由于它们蕴含的秘密太多，科学家们甚至将其视为"地球给人类保留宇宙秘密的最后遗产"。

有些海洋蓝洞是封闭的，洞内缺少水循环，因此看起来如同与世隔绝的凝固空间。当潜水员进入这样的蓝洞表层时，动作一大便很容易引起水下沙尘暴，紧接着能见度就可能会快速降为零；继续下潜的话，还会发现周围的海水已经从淡蓝色变为了橙黄色，因为这一层的水中充斥着微生物代谢产生的硫化氢（一种有毒物质）；通过充斥着硫化氢的水体后，便来到了最后一层——无氧层。

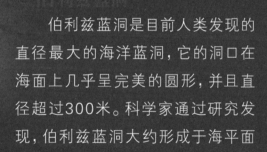

伯利兹蓝洞是目前人类发现的直径最大的海洋蓝洞，它的洞口在海面上几乎呈完美的圆形，并且直径超过300米。科学家通过研究发现，伯利兹蓝洞大约形成于海平面较低的冰河末期，那时它还是一个典型的地面洞穴。后来，由于海水上升，石灰岩质地的洞顶经受不住海水侵蚀而坍塌，最终变成了巨大的水下洞穴。

1971年，人们对伯利兹蓝洞进行了一次详细的探勘测绘，最后发现该海洋蓝洞的深度近123米，洞内布有很多钟乳石群，并且里面还生活着各种各样的鲨鱼。种种迹象表明伯利兹蓝洞并不适合潜水者探访，即便如此，世界各地的潜水爱好者依然将其视为潜水胜地。

西沙蓝洞位于我国西沙群岛永乐环礁的晋卿岛与石屿的礁盘中，它深达300.89米，是目前世界上已知的最深的海洋蓝洞。从空中俯瞰，整个西沙蓝洞酷似一块蓝绿色的宝石，牢牢地镶嵌在南海的海面上。另外，这块"宝石"还有着极大的科研价值，因为它的身上记录着南海几万年来的气候和海平面的变化。

与很多海洋蓝洞一样，西沙蓝洞也有着悠久的传说，其中最广为人知的有三个：一说此处是"龙洞"，里面生有大型海怪，古代渔民都对其退避三舍；二说此处是"南海之眼"，传说中的镇海之宝"定海神珠"就在里面；三说这是齐天大圣孙悟空的拔走定海神针做如意金箍棒留下的洞，里面深不可测。

2016年7月24日，三沙市人民政府正式将西沙蓝洞命名为"三沙永乐龙洞"。

◎哈达布蓝洞

　　哈达布蓝洞位于埃及，其深度约为130米。与其他很多蓝洞一样，哈达布蓝洞也是一个著名的潜水点，并且它的表面清澈平静，看起来非常容易进入。但是，你千万不要被这表象迷惑，因为它内部的危险程度是普通海洋蓝洞的数十倍，已有许多潜水员葬身此地，哈达布蓝洞也因此被人们称为"潜水员公墓"。

死亡冰柱：
海底生命收割者

死亡冰柱又名"海洋钟乳石"，是指发生在地球南北极海域的一种非常罕见的自然现象。

◎ "恶魔"的诞生

在地球南北极，当气温降低到一定程度后，某些海域便会发生大规模的结冰现象，从而形成厚厚的海冰。海冰上面的气温很低，可低至零下20℃，但其下面的海水温度相对较高，大约为零下1.9℃。这样一来，接近冰面的海水就会吸收上方的冷能，形成新的冰。

由于新形成的冰很冷并且盐分重，密度甚至超过了海水，结果便是这种高盐分的新冰会逐渐以冰柱的形式下降。在此过程中，它还会冻结与自己接触的相对温暖的海水，因此会沿着下降的冰柱形成更大但更脆弱的冰网（冰管）。

一旦冰柱到达海底，冰网(冰管)便会快速蔓延开来，杀死(准确地来说是冻死)那些来不及逃跑的海星、海胆等海洋生物。总之，冰柱会像生命收割机一样，终结自己所触及的一切生物的生命。

◎ 来去无踪

死亡冰柱的生长速度很快，它从出现到壮大往往仅需数个小时。但是，由于冰柱需要不断地吸取冷能才能继续向海下延伸，所以即使海面温度发生小幅度变化，冰柱延伸的长度和直径依然会受到很大的影响。当海面回暖后，冷能来源慢慢减弱，冰柱也会逐渐被海水融化直至彻底消失不见。

◎ 不轻易露面

死亡冰柱并不是近年来才出现的新事物。事实上，早在20世纪60年代就有科学家知道"死亡冰柱"的存在，但直到2011年，它们的具体形成过程才被一个英国纪录片制作团队拍摄到。人们之所以历经半个多世纪才真正了解死亡冰柱，主要是因为这种自然现象太罕见了，并且它的形成条件很苛刻，温度太高或者太低都不行，甚至海水的盐度也能决定死亡冰柱是否能出现。

◎ 无敌破坏王

死亡冰柱虽然是由冰构成的，但其外表看起来并不致密，反而有点像海绵那样疏松。不过，即便如此，它的破坏性也不容小觑。

科学研究表明，死亡冰柱除了会迅速冻死部分海底生物外，还会对正常潜水航行的潜水器构成重大威胁。

◎ 是终结也是希望

对于"地球上最早的生命起源于哪里"这个问题，科学界普遍认为答案应该是海洋。但是，对于生命起源于什么样的海洋，科学家们一直争论不休。

2013年，一份有关死亡冰柱的研究报告在科学界引起了轰动，因为该报告认为地球上的第一批生命形式不是出现在温暖的海洋，而是可能出现在极地海洋，且极有可能起源于水下的"死亡冰柱"。

原来，极地海水需要析出一些盐分才有机会形成死亡冰柱，而这种海冰脱盐的方式刚好可以创造生命诞生必不可少的环境。支持生命冷起源学说的科学家在《美国化学学会》期刊上写道："死亡冰柱也许还在其他星球或者卫星上，创造了适合生命生存的环境，比如木星卫星中的木卫三和木卫四。"

◎ 人造死亡冰柱

　　我们大部分人虽然没有机会到极地海域去亲身观察死亡冰柱，但完全有条件通过化学实验来模拟它的形成过程。具体方法很简单，大家只需把固体金属盐添加到硅酸钠水溶液里，便能看到晶体像植物生长般快速析出。更为奇妙的是，选择的固体金属盐不同，析出晶体的颜色也会不一样。

赤潮：
海面的"红色幽灵"

赤潮是海洋生态系统中的一种异常现象，它是由海藻家族中的赤潮藻在特定环境条件下爆发性地增殖造成的。

◎ 血红色的海水

在一定的条件下，海中的浮游生物大量繁殖，海水变得黏黏的，还会发出一股腥臭味，颜色大多都变成红色或近红色，这就是赤潮。而且河水和湖水中也会发生赤潮现象。

人类很早就已经注意到了河水变色的现象。日本1000年前的藤原时代就已经有了赤潮的记载，而我国关于赤潮的记录最早可以追溯到元代延祐年间。1831—1836年，达尔文在《贝格尔航海记录》中记载了在巴西和智利近海面发生的束毛藻引发的赤潮事件。

◎浮游生物

水中生活着一类特别小的生物，有动物也有植物，大多数肉眼看不到。它们中的大部分都不会游泳，就算会游泳，速度也非常慢，它们随意地漂浮在水面上，这类生物被统称为浮游生物。

能通过自身光合作用使海水中的无机化合物转化成生物新陈代谢所需有机化合物者，我们称之为浮游植物；不具备这种能力，且必须以浮游植物为食者，则称为浮游动物。

能够形成赤潮的浮游生物有一个别名，那就是人们常说的"赤潮生物"。

◎富营养化

由于城市工业废水和生活污水大量排入海中，这些污水中含有大量浮游生物需要的养分，使海水中的营养物质过于集中，产生一种名为"富营养化"的效应，简称"富养"。

沿海养殖业在大发展的同时，也产生了严重的污染问题。在养殖时，工作人员秉持"多多益善"的想法，投喂了大量饲料和鲜活饵料，导致残存饵料增多，严重污染了水质，加快了海水的富营养化。

你可能会问：海里的营养多，生物不就生长得更快吗？这难道不是件好事吗？这还真不是一件好事情，浮游生物是富养效应的直接受益者，它们确实会生长得更快，但其他生物就没这么好运了。

赤潮生物大量生长，会集聚于鱼类的鳃部，使得鱼类因缺氧而窒息死亡；赤潮生物死亡后，藻体在分解过程中会大量消耗水中的溶解氧，导致鱼类及其他海洋生物因缺氧而死亡，破坏了海洋的正常生态系统。

◎发生过程

赤潮发生的过程，大致可分为起始、发展、维持和消亡四个阶段。

起始阶段：海域内具有一定数量的赤潮生物种群。

发展阶段：也叫赤潮的形成阶段。当海域内的某种赤潮生物种群有了一定数量，并且温度、盐度、光照、营养等外部环境条件达到该赤潮生物生长、增殖的最佳范围时，赤潮生物即可进入飞速增殖期。

维持阶段：如果这个阶段海域风平浪静，水体相对稳定，而且养分等又能及时得到补充，赤潮就可能持续较长时间；反之，若遇台风、阴雨，水体稳定性差或者养分消耗后没能得到及时补充，那么，赤潮就会很快消失。

消亡阶段：赤潮现象消失的过程。引起赤潮消失的原因有刮风、下雨或营养盐消耗殆尽，也可能因为环境温度已超过该赤潮生物的适宜范围，还有潮流增强使赤潮被冲散等原因。赤潮消失过程经常是赤潮对渔业危害最严重的阶段。

◎ 世界性公害

　　我国及美国、日本、加拿大、法国、瑞典、挪威、菲律宾、印度、马来西亚等30多个国家和地区赤潮发生都很频繁。

　　有些赤潮生物能分泌赤潮毒素。赤潮区域内的鱼虾、贝类摄食这些有毒生物，虽然不会被毒死，但毒素会在它们体内积累，其含量大大超过人体可以接受的水平。这些鱼虾、贝类如果不慎被人类食用，就会引起人体中毒，严重时可导致死亡。

　　赤潮引起的毒素统称"贝毒"，有十余种贝毒的毒性甚至比眼镜蛇的毒液还要高80多倍呢。

风暴潮：
坏脾气的大海

风暴潮是一种灾害性的自然现象。由于剧烈的大气扰动，导致海水异常升高，又称"风暴增水"或"风潮"。

◎ 潮水也有类别

海水的潮汐运动是在太阳和月亮的引潮力作用下形成的，这种有规律的涨潮、退潮叫作天文潮。

热带气旋（台风、飓风）、温带气旋（寒潮）会带来强风，在海面掀起巨浪。这种由强风引起的海面异常升降就叫作风暴潮。

国内外的气象专家一般把风暴潮灾害划分为四个等级，即特大潮灾、严重潮灾、较大潮灾和轻度潮灾。

◎风暴潮分类

根据形成原因的不同,风暴潮通常可分为由温带气旋引起的温带风暴潮和由台风引起的台风风暴潮两大类。

温带风暴潮多发生在欧洲北海沿岸、美国东海岸以及我国北方海区沿岸,大部分出现于春秋季节,夏季也时有发生。温带风暴潮的垂直海拔通常比较低,移动速度较慢,危害性比台风风暴潮小。

台风风暴潮多见于夏秋季节,顾名思义,凡是有台风影响的海洋国家、沿海地区均有台风风暴潮发生。台风风暴潮来势猛、速度快、强度大、破坏力强。

◎危害巨大

单单是气旋引起的潮水,并不会对沿海地区造成危害。只有在天文大潮的协助下,风暴潮才能展示它的威力。

风暴潮出现时往往伴随着狂风,在江海上裹挟着巨浪,浩浩荡荡地向海岸奔来。如果风暴潮出现的时候,恰好是天文潮也出现的时候,就会使受到影响的滨海区域潮水暴涨,海潮甚至能冲毁海堤和海塘,吞噬码头、工厂、城镇和村庄,酿成巨大灾难。

如果最大风暴潮位恰巧与天文大潮的高潮相叠,就会发生特大潮灾。孟加拉湾1970年11月13日发生的一次强热带风暴潮,增水超过6米,夺去了恒河三角洲一带30万人的生命,溺死牲畜50万头,100多万人无家可归。1991年4月,该地区又发生一次特大风暴潮,在有了热带气旋及风暴潮警报的情况下,仍然夺去了13万人的生命。

◎最强海洋灾害

　　风暴潮造成的灾害居于海洋灾害的首位，世界上绝大多数因强风暴引起的特大海岸灾害都是由风暴潮造成的。

　　受灾最严重的地区一般海岸呈喇叭口形状、海底地势平缓，这些地区往往会遭到海浪和大风的正面袭击，如果该地区人口密度大、经济又发达，那么风暴潮带来的影响将难以估计。

　　从古至今，我国沿海地区由于风暴潮灾害造成的生命财产损失令人触目惊心。1782年的一次强温带风暴潮，曾使山东无棣至潍县等7个县受害。1895年4月28、29日，渤海湾发生风暴潮，毁掉了大沽口几乎全部建筑物，整个地区变成一片"泽国"。

　　1922年8月2日，一次强台风风暴潮袭击了汕头地区，造成特大风暴潮灾。据《潮州志》记载，台风"震山撼岳，拔木发屋，加以海汐骤至，暴雨倾盆，平地水深丈余，沿海低下者且数丈，乡村多被卷入海涛中""受灾尤烈者，如澄海之外沙，竟有全村人命财产化为乌有"。

　　根据我国著名气象学家竺可桢先生的考证，这次风暴潮的高度达3.65米，台风风力超过了12级。

◎ 风暴潮预警

　　中华人民共和国成立以后，尽管沿海人口急剧增加，但死于潮灾的人数已明显减少，这要归功于先进的风暴潮预警系统。沿海的验潮站或河口水位站随时记录着海面的升降，以及各种振动引起的海面变化。

　　不过，随着沿海地区工业发展和基础设施的增加，每次风暴潮的直接和间接损失也不断加重。因此，风暴潮依然是一个不能忽略的大问题。

海啸：
无风巨浪冲天起

海啸就是由海底地震、火山爆发、海底滑坡或气象变化产生的巨型海浪，能够摧毁堤岸，淹没陆地，夺走生命，破坏性极强。

◎ 来自海底

　　海啸形成的原因是海底的地震、火山爆发、滑坡或者沿岸的山崩引起海底的震动。如果这样的震动发生在海面以下50千米以内，震级在6.5级以上，那么就极有可能引起海啸。

　　如果往平静的湖水中投入一块石头，涟漪会一圈圈向四周扩散，海底震动也是如此。海啸波长比海洋的最大深度还要大，不管处在哪处海域，地震波都可以传播到海面上。震动之后，震荡波在海面上激起圆圈，不断扩大的圆圈会传播到很远的地方。

◎ 海啸的分类

　　按照引起海底震动的原因，海啸可分为三类：地震海啸、火山海啸、滑坡海啸。地震海啸是海底发生地震时，海底地形发生急剧升降引起海水强烈扰动所形成的巨浪。地震海啸又可以分为两种形式："下降型"海啸和"隆起型"海啸。

"下降型"海啸：地震引起海底地壳大范围的急剧下降，海水首先向突然下陷的空间涌去，当涌进的海水在海底遇到阻力后，弹回海面产生压缩波，形成大浪，并向四周传播与扩散。

"隆起型"海啸：与"下降型"海啸相反，某些地震会引起海底地壳大范围的急剧上升，海水也随着隆起区一起上升，并在隆起区域上方出现大规模的海水积聚，在重力作用下，海水以波源为中心向四周扩散，形成汹涌巨浪。

根据受灾地区与震源的距离不同，海啸又可以分为"遥海啸"和"本地海啸"。

遥海啸：顾名思义，震源距离受灾地区很遥远。海啸波属于海洋长波，一旦生成后，如果没有岛屿群或大片浅滩、浅水大陆架阻挡，一般可传播数千千米，而且能量衰减很少，因此可能造成数千千米以外的地方也遭受海啸灾害。例如，2004年底发生在印度尼西亚的大海啸就波及几千千米外的斯里兰卡，1960年发生的智利海啸也曾使数千千米之外的夏威夷、日本都遭受到严重灾害。遥海啸可以横越大洋，所以也称为"越洋海啸"。

本地海啸：此种海啸发生时，因为从地震及海啸发生地到受灾地区相距较近，所以海啸波抵达海岸的时间也较短，只有几分钟，多则也就几十分钟。在这种情况下，海啸预警时间更短或者根本没有预警时间，往往会造成极为严重的灾害。大多数海啸属于本地海啸，也叫"局地海啸"。

◎ 海啸前兆

海啸登陆之前，会有一些非常明显的现象，在海边生活、工作、旅游的人们只要稍加注意，就可以发现。

"下降型"海啸会引起大范围海水大幅度下沉，沿海地区会出现海水异常的暴退现象；相反，如果是"隆起型"海啸，则会造成海水暴涨。

此外，海啸发生之前还经常会出现以下情况：离海岸不远的浅海区，海面会突然变成白色，并且出现一道长长的明亮的水墙；位于浅海区的船只会突然剧烈地上下颠簸；海上传来异常的巨大响声；大批鱼虾等海洋生物在浅滩出现。

◎重大海啸

　　1960年5月，智利蒙特港附近的海底发生了9.5级地震，这次地震是世界地震史上震级最高、最强烈的一次地震。地震引发了巨大的海啸，导致数万人死亡和失踪，沿岸的码头全部瘫痪，200万人无家可归，这是世界上影响范围最大也是最严重的一次海啸灾难。

　　2004年12月26日，9.3级大地震袭击了印度尼西亚苏门答腊岛海岸，掀起了高达10余米的海啸。此次地震引发的海啸席卷印度、印度尼西亚、斯里兰卡、缅甸、泰国、马尔代夫等国家，导致29.2万人罹难，是近200年来人员伤亡最为惨重的海啸灾难。

　　2011年3月11日，在日本东北部太平洋海域发生强烈地震，此次地震引发的巨大海啸对日本东北部岩手县、宫城县、福岛县等地造成了毁灭性破坏，并引发福岛第一核电站核泄漏事故。

厄尔尼诺：
可怕的*暖*流

厄尔尼诺，全称厄尔尼诺暖流，是太平洋上一种反常的自然现象，它会导致热带太平洋大范围升温，从而导致全球气候异常。

◎名字来历

　　相传，19世纪初，居住在厄瓜多尔、秘鲁海岸的渔民们发现，每隔几年，当地的海水就会变得比往日温暖，并伴有海鸟结队迁徙、鱼类（多为性喜冷水）大量死亡等怪异现象发生，使渔民们遭受很大损失。由于这种现象最严重时往往出现在圣诞节前后，所以渔民便将这种现象取名为"厄尔尼诺"，意思是"圣婴"，而这个名字也表达了当时的人们对天灾的无可奈何。

◎ 东南信风

每年12月到次年2月是南半球的夏季，海水温度较高。此时南半球靠近赤道附近有一股强劲的"东南信风"会将东太平洋表面的海水吹向西太平洋。

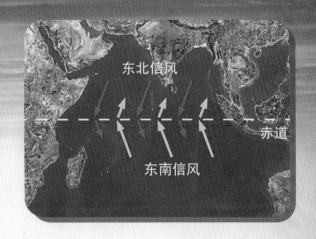

在南美洲西海岸，自南向北流动着著名的秘鲁寒流。秘鲁寒流到达赤道附近的时候，其中一部分会沿着赤道向西移动，加上东南信风的"搬运"，西太平洋水平面上升，温度变高。东太平洋表面的水分流失，海底的冷水上涌，形成补偿流，海水表面温度降低。太平洋东岸这段时间的降水也会减少。

上涌的冷水带来了丰富的营养，浮游生物大量繁殖，鱼类聚集，为海鸟提供了丰富的食物，所以东太平洋鸟类众多。

◎ 厄尔尼诺

东南信风，就像它的名字一样，很"守信用"，每年都按时到来。然而每隔大概七年，东南信风会变得衰弱，表层温水回流，东太平洋冷水上翻现象消失，赤道东太平洋海面上升，海面水温升高，秘鲁、厄瓜多尔沿岸由冷洋流转变为暖洋流。下层海水中的营养成分不再涌向海面，大量浮游生物和鱼虾死亡，海鸟也被迫迁徙。原本干旱少雨的地区变得多雨，甚至形成洪涝灾害。

这一系列异常的气候现象就是厄尔尼诺。

◎ 全球影响

厄尔尼诺对环赤道太平洋地区的气候影响最为显著。在厄尔尼诺年，印度尼西亚、澳大利亚和巴西东北部均会出现干旱，而从赤道中太平洋到南美西岸则多雨，拉丁美洲可能出现洪水。厄尔尼诺对这些地区的农业有很大影响，导致很多地方农作物歉收。

厄尔尼诺对北半球高纬度地区的气候也有影响。研究表明，当厄尔尼诺出现时，日本列岛和我国东北地区夏季会发生持续低温，这也说明了地球表面气候具有整体性。1983年的厄尔尼诺现象波及全球，美洲、亚洲、非洲和欧洲都连续发生异常天气。

◎ 对我国的影响

厄尔尼诺发生后，西北太平洋热带风暴（台风）的产生个数及在我国沿海登陆个数均比正常年份少。

厄尔尼诺发生的那一年，我国的夏季风较弱，季风雨带偏南，位于我国中部或长江以南地区。北方地区夏季往往容易出现干旱、高温。1997年厄尔尼诺发生后，我国北方的干旱和高温十分明显，当年我国北方地区甚至出现了暖冬。

在厄尔尼诺发生后的第二年，在我国南方，包括长江流域和江南地区，容易出现洪涝，近百年来发生在我国的严重洪水，如1931年、1954年和1998年，都发生在厄尔尼诺年的次年。我国在1998年遭遇的特大洪水，厄尔尼诺便是最重要的影响因素之一。

◎ 拉尼娜

拉尼娜与厄尔尼诺正相反。东南信风减弱会造成厄尔尼诺，相反地，东南信风加强就会形成拉尼娜。

拉尼娜常与厄尔尼诺交替出现，但发生频率

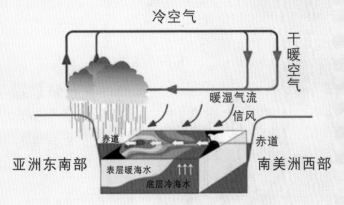

要比厄尔尼诺低。拉尼娜出现的时候，西太平洋海面比东太平洋高出将近60厘米，东太平洋海水上翻现象更加剧烈，气温异常变冷，东太平洋海岸出现严重的干旱天气。

拉尼娜出现时，我国南方地区出现旱情，北方地区降水增多，但是比起厄尔尼诺，拉尼娜要温柔得多，而且会在一定程度上扭转厄尔尼诺造成的影响。

尼莫点：航天器的坟墓

尼莫点的正式名称为海洋难抵极，是地球表面距离陆地最偏远的地点，它位于南太平洋中央之处，与最近的陆块相隔2688千米。

◎有趣的命名

尼莫点是由加拿大测量工程学家卢卡泰拉于1992年发现并命名的。它的名字来源与著名的科幻小说《海底两万里》息息相关，其中"尼莫"两字便是这部小说里"鹦鹉螺"号船长的名字，在拉丁语中意为"无人"，刚好与此片海域人迹罕至的特点相符。

◎生命荒漠

大部分人都将海洋视为生命的乐园，认为凡是有海水的地方必然充满着生机，然而尼莫点是个例外，这里似乎不欢迎任何生命。

原来，尼莫点刚好被夹在南太平洋环

流所围海域的中间，如此一来那些富含营养物、温度较低的海水根本没有机会流进来。况且，尼莫点所在的海域距离陆地太远，无法获得陆地上冲刷入海的有机物，因而也没机会形成海洋雪（有机物所组成的碎屑，像雪花一样，因此被称作海洋雪）来维系深海生态系统。就这样，种种不利因素结合在一起，使得尼莫点成了只有部分海底细菌可以存活的生命荒漠地带。

◎绝佳坟墓

　　早在尼莫点被发现并正式命名之前，苏联的航天机构便注意到了这片特殊的海域。1971年，苏联为其废弃航天器寻找落点时，发现尼莫点海域鲜有生物活动，并且孤立于陆地、船舶航线以及洋流之外，于是这里便成为一个绝佳的航天器残骸"坟墓"。

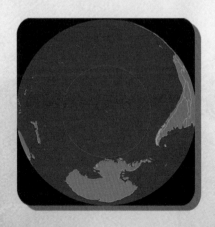

当苏联首次在尼莫点海域坠落航天器残骸后，其他航天大国和地区也纷纷效仿，因为航天器残骸若落入这片区域，其残留的有害物质将会被困住不再外流，这样也就不会污染到尼莫点以外的地方。

如今，尼莫点海域已经安息着260多个航天器的"遗体"，其中大部分属于俄罗斯（包括苏联），据说单是该国坠落在此地的太空补给船就超过了140艘。此外，苏联时期的"和平"号空间站、日本的6艘HTV货运飞船以及欧洲航天局的5艘货运飞船也长眠于此。我国首个自主研制的载人空间试验平台——"天宫一号"，坠落时虽然在大气层中灼烧掉了大部分器件，但其剩余残骸依然选择落到了尼莫点附近的海域。

◎意外坠落

尼莫点虽然被人们视为最佳的天然航天器"坟墓"，但有时候这个"坟墓"并不是想入住就能入住的。例如，1979年，美国第一

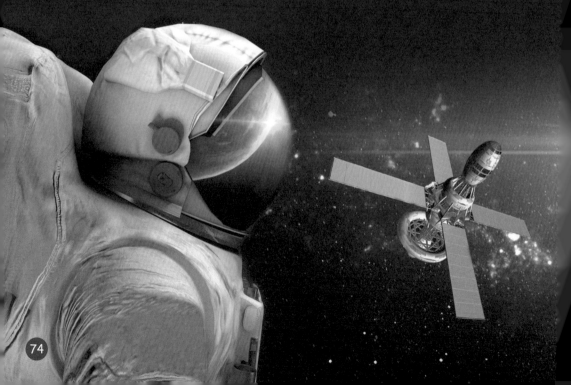

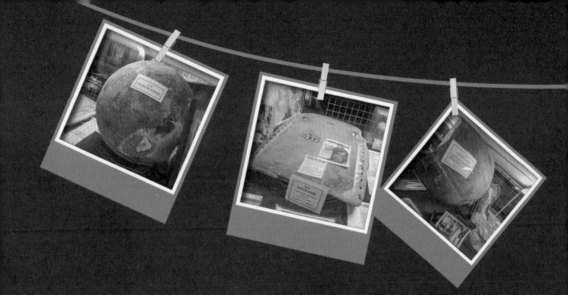

个环绕地球的航天站——天空实验室，本来打算坠落到尼莫点，但天有不测风云，它在降落过程中突然遭遇了太阳风暴，结果残骸偏离轨道，坠落到了澳大利亚。

　　生活在澳大利亚的人们见机会难得，便收集了那些"幸存"的天空实验室残骸，并在埃斯佩兰斯镇建立了一座纪念博物馆。如今，部分天空实验室残骸依然在那座博物馆里被展示着，细心的游客甚至还能看到残骸上幸存的水箱以及舱门。

海洋禁区：危险与神秘同在

> 大海之中存在着很多神秘而危险的海域，那里常常会发生一些人们用现有的科学技术手段无法解释的超常现象。

◎风暴角

在非洲西南端有一个非常著名的岬角，人称"好望角"。好望角虽然意为"美好希望的海角"，但当地的实际情况是暴风雨频发，海浪汹涌，直至今日还被列为世界上最危险的航海区域之一。

好望角海域几乎终年大风大浪，到了冬季还时不时地出现"杀人浪"。"杀人浪"是一种威力极强的海浪，它平时就高达五六米，遇到强风后则可高达15米。如此巨大的浪头犹如悬崖峭壁，浪背如缓缓的山坡，中小型船只如果不幸遭遇"杀人浪"，根本没有逃跑的机会。即便是大型轮船，遇到这种巨浪时也都会想办法尽快离开此片海域。

为什么好望角海域的气象如此恶劣呢？原来，好望角位于南半球中纬度地带，这里刚好处在极地低气压带和副热带高气压带之间，所以经常西风劲吹，风力有时候甚至超过了10级。再加上此处海域还存在着很多强大沿岸海流，强流加上强风，自然会变成滔天的恶浪。

◎南大西洋异常区

南大西洋异常区又名南大西洋辐射异常区，它是地球上面积最大的磁异常区，中心在南美洲与非洲之间的大西洋。

与世界其他地区相比，这片海域的磁场强度非常弱，并且弱化的速度也比其他地区快了近10倍。很多人都知道，正是因为有地球磁场的存在，人们才能借助各种导航设备在海洋里辨别方向。如果磁场发生异常，导航设备势必会受到影响，那么船只航行的安全性也将无法得到保障。

另外，地球磁场对地球有保护作用，它阻挡了许多来自外太空的有害宇宙射线和带电粒子，由于南大西洋异常区的磁场太弱，很多太空射线得以到达该处上空大气层更低的地方，这种状况很容易干扰经过异常区的卫星、飞机和太空船的通信。因此，很多飞行器经过南大西洋异常区时都得格外小心谨慎。

◎日本龙三角

    日本龙三角是位于日本近海、北太平洋的一片海域。资料显示，在第二次世界大战期间，美军光是因非战斗因素就在龙三角海域折损了几十艘潜艇。战争后期，当美国海军第 38 航母特遣队行经此处时，台风突现，恶浪滔天。结果，16 艘舰船遭到严重破坏、100 多架飞机从航母上被掀到了海里、700 多名美军水兵遇难。后来，人们甚至将日本龙三角视为"最接近死亡的魔鬼海域"和"幽深的蓝色墓穴"。

    为什么日本龙三角海域如此诡异呢？科学家们通过大量的调查研究，终于发现了蛛丝马迹。他们认为，这片海域的地理位置很特殊，刚好位于地壳的薄弱处，每当大洋板块激烈碰撞时，此处就有可能出现海底地震或海啸，致使轮船倾覆。但人类关于海洋的秘密还知之甚少，还需要我们不断学习探索。

◎魔藻之海

在大西洋中部有一片神奇的海域，人称"魔藻之海"。之所以会有这个称呼，主要是因为那里布满了绿色的无根水草——马尾藻，而大量聚集的马尾藻对于依赖风和洋流助动的船只来说是一个致命陷阱。

1492年，雄心勃勃的意大利航海家哥伦布就曾率领船队误入过一次"魔藻之海"。当时，整个船队被马尾藻包围，无法前进也无法后退。幸好哥伦布有着丰富的航海经验，但他仍然花费三个星期才艰难地逃脱了，避免了所有人将会因淡水和食品耗尽而活活困死在海面上的悲惨命运。

时至今日"魔藻之海"对于那些动力弱小的船只来说依然存在着不小的威胁。

海洋能：
来自太阳的**礼物**

大海不仅仅拥有无数的鱼类资源，也蕴含了无尽的能量。过去，人们对海上的波浪心怀敬畏，现在，这些都是人类宝贵的财富。

◎ 海洋能

在帆船时代，海上的风浪是海员们的噩梦，所有人都会祈祷风平浪静。今天，人类了解了更多关于海洋的特性，不仅不再惧怕风浪，还能好好利用这些力量。

海洋能是指蕴含在海洋中的各种能源。海洋覆盖了地球近71%的表面，海水的总体积相当巨大，海洋内蕴含的能量也极其庞大。海洋能干净清洁、无污染，是一种可再生能源。它大部分来自太阳能辐射，小部分来自月球和其他行星的引力，可以说是取之不尽、用之不竭。

◎ 多种多样

　　海洋能多种多样，潮汐能、波浪能、海流能、温差能和盐差能等都是海洋能。其中，潮汐能、波浪能、海流能是动能，温差能是热能，盐差能是化学能。海洋能的存在形式不同，技术转换的方法也不同。

◎ 波浪能

　　波浪能是风能的一种转化。在风的吹动下，海洋表面会形成波浪，有些波浪甚至高达十几米。波浪具有动能和势能。波浪能主要用于发电，同时也可用于输送和抽运水、供暖、海水脱盐和制造氢气。

◎ 盐差能

　　如果将盐水倒入淡水中，盐水中的盐类离子就会扩散开来，直到浓度均衡。盐类离子扩散的过程中会释放出热量。

　　海水含盐量比较高，而河水一般都是淡水。大海是河流的终点，在河与海的交接处，存在着盐度差，也蕴含着巨大的能量。科学家们一直梦想着利用河口水域发电，但现在还面临着许多困难。

◎ 海洋热能

海水覆盖了地球近71%的表面，不断地接收着太阳的辐射能。在热带和亚热带地区海水表层的温度一般在25～30℃，而水下700米左右的海水温度只有5℃左右。表层海水和深层海水之间存在着温度差，因而储存着温差能。

19世纪，法国物理学家阿松瓦尔提出了利用海洋温差来发电的设想，后来由他的学生克劳德试验成功。

其基本原理是：海水表层的温度可以使一些低沸点的液体沸腾蒸发，推动汽轮发电机发电，再用水泵抽取深层的海水，将蒸汽液化，循环使用。在发电的同时还可以给海水脱盐，制造淡水。一旦这样的热能工厂建成，将为人们的生活提供新的能源。海洋温差的能量巨大，但是开发难度太大，目前技术依然不成熟。

◎ 难点颇多

20世纪以来，海洋能的开发技术实现了重大突破，但是还有很多关键技术依然没有攻克。相比传统能源，海洋能源的开发成本过高。此外，环境问题也是一个不得不考虑的因素。

海上发电站对生物的活动影响较大。人们担心，过多的发电站会导致某些生物群落消失；巨型发电站还会阻碍海水流动，对生态系统造成未知的损害；某些类型的发电站在工作过程中会产生副产品，排入海中之后会污染水域。

◎巨大前景

　　根据联合国教科文组织的调查，海洋能理论上的可再生总量是766亿千瓦，相当于25万个秦山核电站的发电功率。因此，尽管海洋能的开发面临重重困难，但是世界各国都在积极规划海洋能源利用方案。

　　美国在20世纪就提出"在东海岸建造500座海洋热能发电站"的目标。英国将发展海洋能视为国家可再生能源战略的基石，为此颁布了《可再生能源义务法》，并且成立了专门的海洋能管理中心。日本也在20世纪末开始建立综合性海洋政策体系。

　　我国海洋能开发始于20世纪60年代，七八十年代实现了飞速发展，浙江、福建等地建造了若干座海洋电站。目前，我国在海洋能发电方面积累了丰富的经验，潮汐发电技术也已经相当成熟。

　　除了潮汐能外，我国重点开发的海洋能还有波浪能和海洋热能。2017年初，我国科学家自主研发的"海浪发电机"在中国、美国、澳大利亚三国获得发明专利。

潮汐：
一涨一落中的巨大能量

潮汐是海水的一种周期性垂直运动，俗称海水的涨落。潮汐中蕴含巨大的能量，是一种完全无害的可再生能源。

◎ "潮" 和 "汐"

很早的时候，我国人民就发现了海水涨落现象，而且一般在早晨和傍晚各一次，十分有规律。为了便于区分，人们将早晨的涨落叫作"潮"，夜晚的涨落叫作"汐"。

潮汐现象是大海受到太阳和月球的引潮力而产生的。地球在自转的时候，表面的海水会受到惯性力的作用，同时月球和太阳也会对海水产生引力，当海水距离月亮最近的时候，受到的引力大于惯性力，海水就会被"拉起"，同样，海水距离月亮最远的时候，惯性力大于引力，海水也会被"拉起"，发生涨潮现象。

◎ 潮汐能

　　著名的"钱塘江大潮"是世界奇观，汹涌的波涛犹如万马奔腾，每次都会掀起数米高的浪头，据说历史上曾出现过20米高的"回头潮"。

　　潮水的运动中蕴含着动能，涨落中含有巨大的势能，两者组合在一起就是"潮汐能"，是一种可再生的清洁能源。据海洋学家计算，世界上潮汐能发电的资源量在10亿千瓦以上。潮汐运动具有规律性，又发生在岸边，因此，潮汐能是最容易开发的清洁能源之一。

◎ 潮汐发电

　　利用海水涨落而形成的势能进行发电，是人类利用潮汐能的主要方式。在世界能源日益紧张的情况下，不少国家都积极地规划和建造潮汐发电站。

　　我国在潮汐发电方面起步较早，1958年的时候，已建成的潮汐电站就有41座，但大部分由于选址不当、设备简陋等原因，逐渐被废弃。1985年12月建成的位于浙江乐清湾的江厦潮汐电站，是我国目前规模最大的潮汐电站，也是世界第四大潮汐电站。

第一座具有商业价值的潮汐电站是1967年建成的法国郎斯电站,该电站位于法国圣马洛湾郎斯河口。电站大坝全长750米,坝上是公路桥,可供车辆通行。郎斯电站的年发电量是5亿多千瓦时。

　　最早的潮汐发电站与水电站基本相同,在海湾或河口筑堤设闸,涨潮的时候开闸,等水库蓄满水时关闭,退潮的时候放水,驱动水轮机组发电。这种电站只能在落潮时发电,一天两次,每次最多5小时。

　　每天只有10个小时发电,这种潮汐发电站的效率实在太低了!后来,工程师们设计了双水库式电站。相邻的两个水库,一高一低,涨潮的时候高位水库蓄水,退潮时低位水库放水,高位水库的水流向低位水库,这样在没有潮汐的时候也可以发电。

　　潮汐发电站在投入使用后,慢慢暴露了一些问题。绝大多数潮汐发电站都是在河流入海口处设置巨大的堤坝,这些大坝会对鱼类的洄游造成影响;由于大坝的阻挡,退潮速度会变慢,影响了水鸟的作息;大坝里的沉积物也会腐蚀河口;等等。

◎ 潮汐栅栏

潮汐栅栏是传统潮汐电站的改进版。本质上，潮汐栅栏也是一种拦河的堤坝，不过它被放置在小岛之间或者小岛与大陆之间。潮汐栅栏的拦截面比传统的拦截堤坝要窄，水流通过的速度提高了，发电效率更高。

早在1997年，加拿大蓝色能源公司就曾在菲律宾的圣贝纳迪诺海峡南面进行过大规模潮汐栅栏的试验。到了2015年，英国Kepler能源公司甚至还表示未来将设计一种新型潮汐能源栅栏，用于浅海静水水域发电。不过，由于这种技术还不够成熟且耗资巨大，所以目前还无法大规模商用。

◎ 潮汐涡轮

潮汐涡轮的外形就像是电风扇，它是潮汐栅栏的有力竞争对手，比潮汐栅栏更加经济实惠，对环境的影响也要小得多。

放置潮汐涡轮最理想的地点是在离海岸1千米以内、水深30米的海下，只要海水流速在2米/秒以上，潮汐涡轮就可以工作。工程师认为，在理想地点的涡轮发电机每平方千米可以产生10兆瓦的电量。

2014年，美国绿色能源公司在纽约东河底部安装了30台潮汐涡轮机，依靠潮汐带动的水流驱动叶片转动，就可以提供稳定的电力。欧盟也确定了100多处适宜放置潮汐涡轮的地点。

可燃冰：深海下的庞大矿藏

　　天然气水合物俗称"可燃冰"，是天然气和水形成的类似于冰的结晶物质，化学式是$CH_4 \cdot nH_2O$。可燃冰又被称为"固体瓦斯"和"气冰"。

◎清洁无污染

　　可燃冰是一种白色固体物质，燃烧力极强。可燃冰燃烧后，几乎不会产生任何残渣，比起石油和天然气都要干净得多。1立方米可燃冰可以转化为164立方米的天然气和0.8立方米的水。开采后，只需将固体可燃冰升温减压，就可释放出大量的甲烷气体。

◎形成原因

　　海底终年不见日光，气温特别低，压力也特别大，这里有着数万年的沉积层。沉积层中存在大量的有机物和细菌，细菌会将有机物分解成天然气。

　　天然气在高压和低温的环境下，逐渐与水相结合。这种情况下，天然气和水的关系就像是囚犯和监狱，数个水分子将1个天然气分子团团围住，不准天然气分子离开。

　　位于大陆的可燃冰矿藏，其形成过程与海底可燃冰类似，主要位于阿拉斯加（北美大陆西北）和西伯利亚（北亚）的寒带地区。

◎ 发现历史

　　1934年，苏联的一条天然气输送管道堵塞，技术人员调查后，在堵塞处发现了一种可以燃烧的冰，化验后证明这是一种天然气水合物。该事件引起了政府的重视，由此开始了可燃冰矿藏的勘测。1965年，苏联在西西伯利亚平原的永久冻土带发现了可燃冰矿藏，并于1970年开始开采。

◎ 千年大计

　　苏联发现可燃冰矿之后，美国、日本、德国等发达国家也迅速行动起来。1998年，美国将可燃冰列入国家发展的战略能源长远计划。

　　迄今为止，许多国家都勘测到了丰富的可燃冰矿藏，除了永久冻土带外，其他的可燃冰矿藏大部分都位于海底。据科学家估算，可燃冰资源总量约为20万亿吨油当量，是常规天然气地质资源量的50倍左右，能够满足人类1000年的能源需求，是替代石油、煤等传统能源的首选。

◎ 南海寻宝

我国科学家对可燃冰的研究相对较晚。1985年，广州海洋地质调查局总工程师金庆焕在一篇文章中提出：可燃冰将是人类未来的重要能源。2000年，广州海洋地质调查局在南海海底发现了巨大的可燃冰带；之后陆续发现了西沙海槽、神狐、东沙及琼东南四块含有可燃冰资源的海域。

经过20年的研究和技术积累，我国可燃冰领域终于在2017年迎来了大丰收。3月28日，我国在神狐海域进行了首次可燃冰试采，仅仅1个多月后的5月10日便点火成功。到了5月18日，试采连续稳定产气8天，累计产气量超12万立方米，平均日产量超1.6万立方米，超额完成预定目标，取得圆满成功。这次试采获取了647万组试验数据，为今后的科学研究积累了大量翔实可靠的数据资料。

◎ 小心翼翼

可燃冰在给人类带来新的能源前景的同时，对人类的生存环境也提出了严峻的挑战。可燃冰中的甲烷（CH_4）释放到大气中所产生的温室效应，是二氧化碳（CO_2）的20倍，而全球海洋中可燃冰所含的甲烷总量是地球大气中甲烷总量的3000倍，一旦开采不慎，将对地球大气环境造成十分严重的后果。因此，各国对于发现的可燃冰矿藏的开采，都采取了十分谨慎的态度。

◎困难重重

距离苏联发现可燃冰矿藏已经过去50多年了，然而可燃冰的开采进行得并不顺利。除了寥寥几次的试采之外，只有位于西伯利亚西北部的麦索亚哈气田投入了使用。

大部分的可燃冰都位于海底，深邃的大海造就了可燃冰的最佳生成环境，也极大地增加了开采的成本。据美国能源部的公开资料显示，目前可燃冰开采成本平均高达每立方米200美元，且利润并不怎么高，与石油开采相比，经济效益一般，因此石油公司对可燃冰兴致缺缺。

尽管艰难万分，但是我们应该相信，随着科学技术的进步，所有的困难都会得到解决，用上可燃冰的日子也许并不遥远。

海底热泉：
白烟囱和黑烟囱

海底热泉是指海底深处的喷泉，原理和火山喷泉类似，喷出来的热水就像烟囱一样。海底热泉中蕴含丰富的金属资源。

◎传奇潜水器的惊人发现

美国是较早开展载人深潜的国家之一，1964年建造的"阿尔文"号载人潜水器可以下潜到4500米的深海。

作为世界上最著名的潜水器，"阿尔文"号可谓战功赫赫。1985年，也是它找到了著名的"泰坦尼克"号沉船的残骸。

1977年，美国"阿尔文"号深潜器来到了厄瓜多尔，它要潜入加拉帕戈斯群岛附近的深海执行任务。它在那里测得深层海水的温度竟高达8℃，同时发现海底有白色的巨型蛤蜊。

一直以来，人们都认为，海底是黑暗而寒冷的，那儿一片死寂，没有

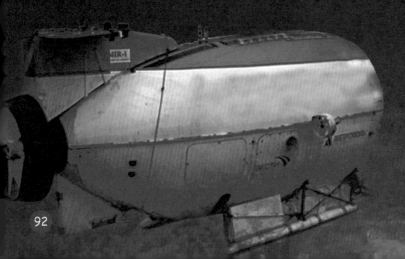

任何生物。新的发现打破了这种常规认知，因而引起了相关科学家的重视，并为此展开了新的研究。

1979年，"阿尔文"号又重新来到这里，并且还带了很多生物学家一同前往。这次调查向世人揭开了"深海热液生物群"的神秘面纱。

◎海底"烟囱"

1988年，中德两国科学家联合考察了马里亚纳海沟，其间他们用海底摄像机进行拍摄，并将影像传送到岸上。科学家们惊喜地发现，海底岩石上有烟囱一样的东西，它们高约2米，直径50~70厘米，周边还有块状、碎片状和花朵状的东西。

"烟囱"的四周，还堆积了许多五颜六色的岩石。"阿尔文"号采集了附近的岩石样品，经过化学分析和鉴定，发现其中含有大量金属，除了铜、锌、锰、钴、镍外，还有金、银、铂等贵重金属。

"烟囱"有时候向外排放着滚滚"浓烟"，形成黑色、白色的雾状柱，科学家们把它们称作"黑烟囱"和"白烟囱"。此后，世界各地陆续发现了许多海底"烟囱"，它们有的甚至高达200米。

海洋底部的地壳，主要由玄武岩和沉积岩组成，这两种岩石特别容易开裂。于是海水就经常顺着海底的裂隙向下渗，一直到地底4~5千米，在与炽热的熔岩接触后又返回了地面。返回的过程中可能恰好碰到火山喷发，也可能只有热水涌了上来，这就是"海底热泉"。海底热泉多出现在大洋中脊附近，因为这里是海底最脆薄的地方。

所以，海洋底部仿佛是个"漏勺"，不过海洋的水太多，漏口又太小，科学家计算过，假如全世界的海水都去海底转一圈，大约要一百多万年。

◎沉积物

海水在和岩浆接触后，温度会越来越高，溶解能力也越来越强，这便使得它以热泉的形式泄出时溶解了大量的矿物质、金属离子，之后顺着裂隙排出。

接触到冰冷的海水后，热液温度骤降，沿途所溶解的元素和矿物质快速凝聚、沉淀下来，在喷口周围形成若干米高的烟囱状堆积物。白烟囱由富含二氧化硫的沉积物组成，黑烟囱中则含有高温硫化铁。随着热液的迅速冷却，也沉淀出含金、银、铜、铅、锌、锰等元素的化合物。

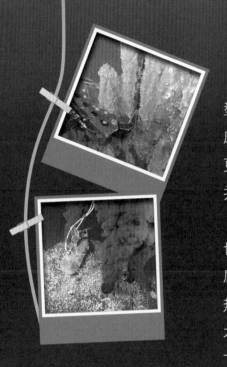

海底热液是一种过去从未发现的新型矿床，也是一种不断生长的多金属矿床。目前世界各大洋均已发现热液矿床，更难能可贵的是，热液矿床的开发难度并不大。因此，各国都格外重视。

美国国家海洋和大气管理局早在上世纪80年代，便把位于美国200海里专属经济区内的胡安德富卡海脊作为海底热液矿床的重点研究和开发对象。而日本也在同一时期投资75亿日元，建造了能下潜2000米的"深海2000"号深潜器，专门用于海底热液矿物的调查。如今，这两国已经在现代海底热液矿床研究中取得巨大进展，甚至有的公司还进行了海底热液硫化物试采活动。

2007年，我国科考船在西南印度洋中脊发现了新的海底热液活动区。2008年8月23日至24日，大洋20航次的科考队员们在东太平洋海隆赤道附近发现了两处海底热液活动区，这是我国第一次，也是世界上第一次在东太平洋快速扩张的大洋中脊发现海底热液活动区。2012年，我国又在西北印度洋找到了第一个海底热液活动区。与某些国家相比，我国对海底热液活动的研究虽然起步较晚，但在海底多金属硫化物的勘查方面称得上是后起之秀。

海底热液生物群：
隐蔽的世外桃源

深海热液区生存着众多海洋生物，密度甚至比海底其他地方高出1万倍，可以比作"沙漠中的绿洲"。

◎别有洞天

1977年，美国科学家在一次对东太平洋的探险活动中，意外发现了海底热液。除此之外，他们在这里发现了一件不可思议的事情，热液附近有生物存活。这个发现又一次挑战了人们的认知，此前人们认为，高温环境下不会有任何生命体存在，然而在这个温度高达350℃的热液区，却是一派生机盎然。这里生活着虾、蟹、蜗牛、孔线虫及其他一些不知名的海底生物，甚至还有较高级的章鱼。

科学家经研究后发现，大部分热液区生物都只能生活在附近，当热液不再活动后，这些生物也会随之消失。然而，一旦热液又开始活动，火山口附近几乎马上就被微生物占据了。虾、蟹等海底生物就会被这些微生物吸引过来，形成一个完整的生态系统。

◎冷泉和热液

海底岩层或沉积物并不是严丝合缝的，冰冷的海水会沿着缝隙往下渗漏，来自地下的不同成分、不同温度的流体也会从海底向外溢出。

如果从地层中溢出的流体成分以二氧化碳、硫化氢或碳氢化合物为主，那么温度就会和海水温度比较接近，便称为冷泉；如果溢出的流体中各种气体和金属元素的温度明显高于周围海水，就是热液。

◎冷泉生物和热液生物

目前已经发现的冷泉生物物种超过210种，而热液生物物种超过500种。常见的冷泉生物或者热液生物有管状蠕虫类和多毛类。蠕虫类如贻贝、蜗牛、腹足、帽贝、蛤和虾等，多毛类如螃蟹、海绵、棘皮、海葵和藤壶等。

尽管管状蠕虫、贝类等动物在冷泉和热液环境中都有，但在生理特性上有很大的差异，因此生物学家将它们分到不同的种属。以管状蠕虫为例，热液环境中的管状蠕虫每年最快可以长0.8米，长度最长可以达到3米，被认为是地球上生长最快的动物之一。相比之下，冷泉环境中的管状蠕虫生长特别缓慢，差不多要200年才能生长到2米，地球上有不少长寿的生物；但是如此"高龄"，也十分罕见。

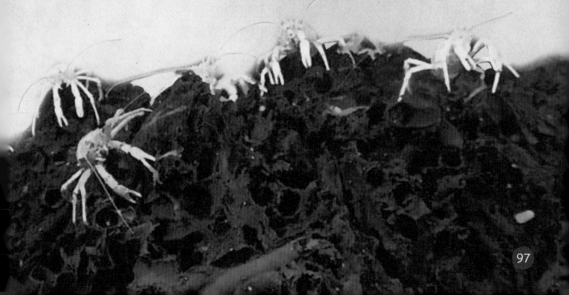

◎生命新形式

冷泉和热液生物群的发现，改变了人们对生物的认识。它们不依靠太阳能，而是靠地热在高温和黑暗的环境下生存。硫细菌是热液生物圈存在的基础，它靠热液带出的能量进行化能合成作用制造有机质，支持着这种特殊的生物群落生存。

◎生命的起源地

随着对地球研究的不断深入，科学家发现地球早期的环境与深海热液环境非常相似。那个时候的海洋富含锌、铜、铅、锰、铁等金属离子，以及硫化氢、甲烷、氢气等气体。海水的温度为70~100℃。那时候光合作用还没有出现，大气中二氧化碳的含量很高，几乎不含氧气，因此海洋呈酸性，热液的活动强度是现在的5倍。

现代海底热液喷口周围的环境与早期海洋环境非常相似。科学家猜想，生命开始萌芽，正是在早期海洋海底热液喷口周围，"生命起源于海底热液喷口"成为新的科学假说。而这种观点与前文所提的"生命起源于死亡冰柱"的假说完全相反，究竟真相如何，还需要人类的不断探索与研究。

◎ 生命的祖先

热液区的微生物具有"不依赖于太阳光"以及"嗜热"的特性。根据一些科学家的研究，海底热液区的一些细菌已经在海底生活了上亿年，它们诞生于30亿年前的赤道附近。有科学家认为，这些细菌是地球上最早出现的生命，也是其他生命的祖先。这种古老的生命能产生一种微小的细胞离子泵，能够驱动生命进行化学反应。它们被叫作超嗜热古生菌。

随着基因测序工程的不断开展，有科学家勾勒出了地球上所有生物的"生命进化树"。而位于"进化树"根部，代表着地球上所有生物"共同祖先"的微生物，绝大多数是从海底热液环境中分离得到的超嗜热古生菌。它们的平均最佳生长温度超过80℃，能够利用热液喷口周围环境中的各种无机化学反应所释放出来的能量来维系自身的生命活动，进而支撑整个生态系统。

深海生物：
海洋里的"丑八怪"

深海生物是指生活在1000米以下的海洋生物，包括微生物、无脊椎动物和鱼类等，它们有着独特的生理特性。

◎深海不是沙漠

在大海的深处，阳光完全不能透入，终年黑暗，压力大、盐度高、温度极低。自古以来，人类一直相信深海是黑暗和死寂的地方。19世纪中叶，一位英国生物学家更是宣称：大海600米以下水体停滞不动而且缺氧，应该是无生命的大洋沙漠。

直到20世纪60年代，人们依然认为深海生物十分稀少。随着深海探测技术和设备的不断改进，人类对深海的探索不断取得进展。1977年，海底热液生物群落被发现。20世纪80年代，美国采用箱式取样技术，在水深2000米、20平方米的范围内发现了800多种无脊椎动物。人们逐渐发现，深海绝非"沙漠"，那里的生物多种多样，简直就像"热带雨林"。

按照生活方式，深海生物可分为浮游、游泳和底栖三大类。

◎巨大的压力

从海平面开始，深度每增加10米，压强增加一个标准大气压。全球大洋平均深度约4000米，而在这个深度，压强是400个标准大气压。人在这个压力下的感觉，就像两只大象站在大脚趾头。

深海生物是如何应对这么大的压力的呢？所有的深海生物都没有肺，它们身体内部充满了水分，使体内和体外的压力达到平衡。深海环境令生物的细胞膜进化得更软更滑，也更具有流动性。这样，深海生物才能够在压力如此大的地方存活。

不过，它们也只能生活在深海，千万不要将它们带到浅海或者陆地。深海探索初期，科学家想把这些海洋生物带到实验室进行研究，然而因为压力产生了巨大变化，这些生物很快就死去了。

◎宝贵的食物

一般深海生物的食物来源是从上层海水慢慢沉降的生物尸体、碎屑，以及微生物合成产生的有机物和其他深海生物等。由于深海中食物少、温度低，所以包括细菌在内的深海生物生长十分缓慢。

深海生物视觉大多不发达，嗅觉却很灵敏，研究者曾将一些死鱼投放到菲律宾海沟水深9605米的地方，6小时40分钟后，不少鱼已经被吃得仅剩鱼骨。许多深海鱼类口大，能吞食比自己还大的食物。

◎浮游生物

浮游生物没有办法自主运动，种类和生物数量比较少，一般由细菌、原生动物、腔肠动物、甲壳动物、毛颚动物等的一些种类组成。

大部分的浮游生物都生活在水面，不过也有一部分生活在水下，并且越往深处数量越少。同一种浮游动物，个头小的时候多生活在浅处，个头较大的时候生活在深处。有一些生活在2000米水下的水蚤，体长最大可以达到17毫米，而浅海的水蚤体长大多只有几毫米长。

◎游泳生物

游泳生物就是可以在水中自由活动的生物，主要是鱼类，其次是乌贼、章鱼和虾等。目前，人类已经发现了1.2万余种海洋鱼类，其中有相当一部分鱼类常年生活在深海区，比如大家熟知的深海安康鱼（俗称灯笼鱼）。深海安康鱼头顶有一个突出的部分，顶部可发光，可以照明，也可以吸引猎物。它们的嘴巴特别大，牙齿尖利。

角安康鱼的雌鱼体重是雄鱼体重的上千倍，甚至是上万倍，这在所有的脊椎动物中是独一无二的。雌鱼体重可达6~8千克，雄鱼仅重几克。实际上，雄鱼一直寄居在雌鱼的身体上，终生形影不离，真是忠诚的伴侣。

和浮游生物一样，越接近海底，鱼类的个头也越大，如睡鲨体长最大可达7米。有些深海鱼常能吞食比自身大的食物。

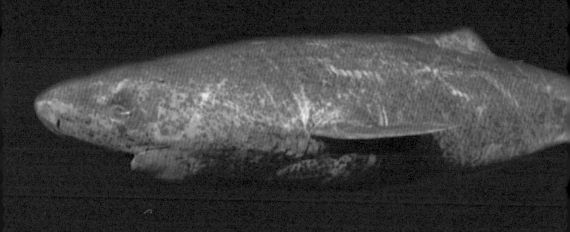

◎底栖生物

顾名思义,底栖生物就是"在海底栖息的生物"。从浅海到深海,都有底栖生物存在,不过种类组成会发生变化。

微型底栖生物:个体很小,大多只有几微米,主要生活在海底沉积物的表层,包括真菌、易变菌、类酵母细胞等。

小型底栖生物:个体大小多处于42~1000微米之间,数量要比微型底栖生物少得多,有一半的小型底栖生物是线虫。

大型底栖生物:个体大小在1000微米以上,包括大多数的无脊椎生物,如海绵、软体动物和节肢动物。

海中歌手：
合奏"海洋交响曲"

为了研究神秘的海洋世界，科学家曾在海底安放过水下听音器，结果发现海底并不是寂静无声的，而是一个喧嚣的世界。

◎低音歌手

鲸不仅是目前世界上最大的哺乳动物，而且还是海洋里的著名"歌星"。它们虽然没有声带，但可以借助身体其他部位发出特殊的声音。

科学家曾用仪器记录了大量鲸在水中的叫声，然后通过电子计算机加以比较分析，最后发现鲸竟然能唱出美妙动听的"歌曲"，这种歌曲一般时长为6~30分钟，如果将其播放速度加快14倍，声

音听起来就像婉转的鸟鸣。另外，不同种类的鲸也有着不同的曲风，比如座头鲸就因"歌声"节奏分明，抑扬顿挫而被人们誉为"海中夜莺"。

◎ 飞向太空的海洋歌声

在1977年的夏天，美国向银河系发射了一艘旨在探索其他星系的宇宙飞船。飞船里装有一张唱片，而这个唱片内除了录有人类音乐，以及通过55种语言说出的问候语外，还特意录入了一段鲸的歌声，因为人们希望在茫茫的宇宙中，能找到会欣赏这神秘歌声的知音。

◎功能多样的海豚音

海豚也是海洋中比较活跃的"歌手"。它们除了会发出人类能听得到的滋滋声、哒哒声外，更多的是发出一种人耳听不到的频率极高的超声波。对于海豚来说，这种超声波既是用来交流、唱歌的语言，又是用来寻找、打击猎物的工具。

◎能被看到的海洋之声

鲸和海豚的叫声不仅听起来如同仙乐，而且"看"起来也赏心悦目。2010年，著名声学工程师马克·费舍尔采用声音视觉化技术，将鲸类和海豚的歌声变成了一幅幅人眼可见的美丽图案，让我们能够从海洋之声中欣赏到更多的艺术之美。

◎不甘寂寞的鱼儿

辽阔的大海里生活着成千上万种鱼类，它们跟陆地上的动物一样，也会发出千奇百怪的声音。例如，刺鲀能呼噜呼噜地叫，仿佛熟睡的人在打鼾；驼背鳟可以发出敲鼓般的咚咚声；小竹荚鱼能发出像用手指很快地刮梳子的声音；而比目鱼发出的声音有时像风琴，有时又像管弦乐器。

鱼类发出的声音大多数是由鱼鳔收缩、骨骼摩擦引起的，甚至有的鱼是靠呼吸或肛门排气等方式来发出种种不同的声音。

鱼儿们以自己独特的声音来互邀同类、集聚在一起、成群地游泳。而研究者可以从水听器中听到水中各种鱼的声音，并用录音机记录下来，以此研究鱼的生活。

◎聒噪的蟹

海洋中的甲壳类生物比鱼类还要"多嘴"，其中最聒噪的便是蟹类了。研究表明，蟹类生物能够发出近30种类似虫鸣的声音，就连经常被人们食用的海螃蟹也能凭借几只脚拨弄出犹如竹板发出的敲击声。

◎日夜不停的大合奏

除了鲸声、海豚声、鱼声、蟹声等海洋生物发出的声音外，海洋中还存在着很多非生命体所发出的声音，比如浪声、次声等。它们各有特色，交织在一起，在海底合奏出这自然界独有的"海洋交响曲"。

仿生机器鱼:
未来的海底侦探

仿生机器鱼属于仿生机器人学的范畴,实质上就是模仿自然界中鱼类获得推力的机制而设计的人造新型水下航行器。

◎优点多多

　　由于仿生机器鱼结合了鱼类推进模式和机器人技术,所以与传统的水下航行器相比,它具有推进效率高、机动性强、隐蔽性能好等诸多优点。再加上它的身体有着鱼儿一般的柔韧性,因此仿生机器鱼可以在空间狭窄、地形复杂的水下场所来去自如。

◎水下考古好帮手

　　"SPC-Ⅱ"仿生机器鱼是我国第一条可用于实践的机器鱼。它是由北京航空航天大学机器人研究所和中国科学院自动化研究所联合研制的，总长度约1.2米，采用完全刚体耐压舱，并且其内部安装有电池、GPS(全球定位系统)和罗盘组合导航系统。

　　2004年8月，我国考古工作者借助"SPC-Ⅱ"仿生机器鱼，对福建东山县海域郑成功古战舰遗址进行了水下考古探测试验。在整个试验过程中，该机器鱼累计在水中工作约6个小时，共摄像考察了4000平方米的水域，并成功将有关图像即时传送到了水面指挥部。

◎ 小小"鲨鱼"卫士

很长时间以来，海水质量的监控对人类来说都是一个大难题，因为仅靠人工很难分析出海面漏油的情况，但派潜水员下水又会存在安全问题。为此，很多科学家都在想方设法研制一种用于辅助人类解决海洋污染问题的机器鱼。

2012年，欧洲科研团队研制出了一种名为"Five-foot-long"的机器鱼。据介绍，这款机器鱼外形酷似鲨鱼，长约5英寸（约12.7厘米）。这条"鲨鱼"既可自动避开水中障碍物，进行水质测试或水面搜索，又能利用传感器将自己收集到的海洋信息发送到岸边，大大减轻了人们监控海洋的工作量。

◎ 不一样的"金枪鱼"

2014年，美国海军装备了一种身长1.52米、体重约45千克的机器金枪鱼。这种仿生机器鱼不仅在外观上与金枪鱼真假难辨，而且在水下活动时，还能像金枪鱼那样靠摆动鱼鳍前进，甚至可以轻松完成急转弯动作。

由于机器金枪鱼在水下活动时非常安静，并且能潜至近百米深的海域，所以它完全可以悄悄潜入敌方海域执行侦察任务，或者在己方船只附近巡逻，以防敌人偷袭。

◎软体机器鱼

2017年，浙江大学的科研人员成功研制出了一种新型仿生软体机器鱼。该机器鱼全身柔软无骨，外形酷似迷你型的蝠鲼（鳐鱼的一种，人称"魔鬼鱼"），身长仅9.3厘米，体重略重于鸡蛋，约90克。

它个头虽小，但本事极高。据实验数据显示，这款软体机器鱼可在0.4~74.2℃之间正常工作，它的最大游速为每秒6厘米，能连续畅游3个小时，是世界同类软体机器鱼中的佼佼者。另外，它的深潜能力也不错，据说可在水下200米实现左拐、右拐、前进等动作。

由于这款软体机器鱼所采用的材料皆为工业级材料，且不会对环境造成危害，所以它完全有可能实现生产制造，用于水下探测、侦查以及海洋生物信息监测等领域。

◎未来可期

随着相关技术的进步，仿生机器鱼的功能日臻完善，其应用领域也在不断扩大，甚至有些科学家已经开始尝试研制群体型的仿生机器鱼。相信在不远的未来，仿生机器鱼的模样将会变得与真鱼别无二致，真正成为"海底侦探"的主力军。

海洋牧场：
高科技的养殖系统

"海洋牧场"就是将海洋经济生物聚集起来，像在陆地放牧牛羊一样，对鱼、虾、贝、藻等海洋资源进行有计划、有目的的海上放养。

◎第三次浪潮

20世纪80年代，美国社会学家阿尔文·托夫勒将人类发展史划分为三次浪潮：第一次浪潮为农业阶段，从约1万年前开始；第二次浪潮为工业阶段，从17世纪末开始；第三次浪潮为信息化阶段，从20世纪50年代后期开始。

托夫勒指出，第三次浪潮时期，电子工业、空间技术、海洋工业和农业、遗传工程将成为关键。他认为只有海洋能够帮助人类最终解决粮食短缺问题。

◎发展历史

海洋牧场的构想最早由日本在1971年提出。1973年，在冲绳国际海洋博览会上，日本又提出：为了人类的生存，必须在人类的管理下，谋求海洋资源的可持续利用与协调发展。1978年到1987年，日本开始在全国范围内全面推进"栽培渔业"计划，并建成了世界上第一个海洋牧场——日本黑潮牧场。日本水产厅还制订了"栽培渔业"长远发展规划，其核心是利用现代生物工程和电子学等先进技术，在近海建立"海洋牧场"，通过人工增殖放流和吸引自然鱼群，使鱼群在海洋中也能像草原上的羊群那样，随时处于可管理状态。

此后，韩国也开始建造海洋牧场，使海区渔业资源量大幅增长，渔民收入不断增加。不过，韩国在海洋牧场的建设、经营过程中，因为过度放养和增殖单一鱼类而破坏了区域水域生态，造成了难以挽回的影响，这种教训应引以为戒。

20世纪70年代，曾呈奎院士提出在我国近岸海域实施"海洋农牧化"，形成我国海洋牧场建设的最初构想。1979年，广西水产厅在北部湾投放了我国第一个用混凝土制成的人工鱼礁，拉开了海洋牧场建设的序幕。进入21世纪以来，沿海各省市充分利用海洋资源，积极进行人工鱼礁和藻场建设，大力发展海洋牧场。

◎蓝色粮仓

海洋是人类食物的重要产地，海洋生物能够为人类提供大量的蛋白质。我国是海洋大国，也是农业大国，海洋渔业是我国粮食安全的重要保障体系。

多年以来，我国海洋渔业迅猛发展，但传统的粗放型增养殖渔业生产方式使海域生态受损、环境恶化、资源衰退，亟需一种新的生产方式，能够在保护生态资源的同时，让海洋渔业能够持续健康发展。海洋牧场就是这样一种新型的海洋渔业生产方式。

◎投礁型海洋牧场

海洋中距离水面比较近的岩石称作礁石，可以由珊瑚等生物构成，也可能由火山岩或者大陆岩组成。其中有一种礁石名为鱼礁，是鱼类的栖息地之一。投礁型海洋牧场就是以投放人工鱼礁为核心的渔场，而所谓的人工鱼礁石，就是人为在海中设置的构造物，改善海域生态环境，营造海洋生物栖息的良好环境，为鱼类等提供繁殖、生长、索饵和避敌的场所，达到保护、增殖和提高渔获量的目的。

◎ 底播型海洋牧场

"底播"就是以底层贝类和底栖海珍品为核心，依据基础调查与动态监测数据，因地制宜，对海域滩涂进行整体规划。在我国黄河三角洲以及胶东半岛沿海区域，人们正在大力推广这种牧场。

◎ 装备型海洋牧场

这种牧场主要建造在深远海域，是一种离岸牧场。装备型海洋牧场运用现代技术装备，融合应用养殖技术和物联网技术，实现养殖生产的集约化、装备化和智能化。

◎ 立体式开发

海洋牧场的底层可以养殖刺参、海胆、鲍鱼等珍贵水产，中层在自然聚鱼的基础上发展渔业，最上层可利用人工鱼礁进行休闲垂钓和旅游开发，综合开发沿海水域，达到资源利用最大化。

海洋垃圾：
海中的致命陷阱

海洋垃圾是指海洋和海岸环境中具有持久性的、人造的或经加工的固体废弃物。它们有的堆积在海滩上，有的漂浮在海面上，还有的沉入了海底。

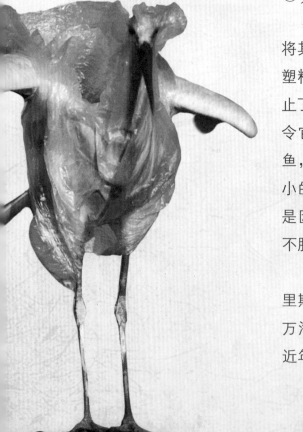

◎无辜的受害者

一只硕大的海鸟惨死于沙滩上，将其解剖后，在海鸟腹中依稀可见一些塑料垃圾；一只海龟趴在海边，慢慢停止了呼吸，它身上缠绕着结实的渔网，令它窒息而死；信天翁把牙刷当成了小鱼，叼回了巢穴，喂给自己的孩子，幼小的雏鸟因此被噎死……这些动物都是因海洋垃圾而死，而且这样的例子不胜枚举。

法国发展研究院院士劳伦斯·莫里斯女士的研究表明，每年大约有150万海洋生物因塑料垃圾而死亡，而且近年来有不断恶化的趋势。

◎塑料旋涡

海洋垃圾中，塑料垃圾占总量的85%，每年约有800万吨的塑料垃圾被倒入大海。经过阳光照射，这些废弃物慢慢分解成颗粒，但是无法被降解。

2015年，有科学家进行过一项研究，试图确认全球海洋中塑料微粒的数量。最后他们估计，海洋中大约存在15万亿到51万亿个塑料微粒，而如此多的塑料微粒早已经对海洋生物的生存环境造成重大威胁。

在洋流的作用下，人类丢弃的塑料垃圾在太平洋上形成了一个巨大的"塑料旋涡"，科学家估计，"塑料旋涡"距美国西海岸超过500海里(926千米)，面积约有两个得克萨斯州大小。

◎堆积如山

太平洋上的海洋垃圾面积已经达到了300多万平方千米，超过了印度的国土面积。有人直言不讳地说："海洋已经成了地球上最大的垃圾场。"更加令人恐惧的是，70%的海洋垃圾已经沉入了海底。

◎ 其他污染物

在沿海地区有不少石油化工、冶金、制药厂，工厂排出的污水中往往含有汞、镉、铜、铅等有毒重金属，沿海的火电站也会向海中排放二氧化硫。

每年排入大海的石油和石油制品高达数百万吨，油膜和油块会粘住幼鱼和鱼卵，导致它们死亡，大规模的油污染也会造成海洋生物缺氧而死。

现代农药中含有许多毒性很强的物质，它们经雨水的冲刷、河流及大气的搬运最终进入海洋。农药会抑制海藻的光合作用，使鱼类的繁殖力衰退，导致海洋生态系统失衡。

沿海居民生活污水的排放也对海洋环境构成严重威胁。生活污水中含有大量有机物和营养盐，会引起海水中浮游生物的急剧繁殖，消耗海水中的氧气。

◎ 共同守护蓝色家园

人类海岸活动和娱乐活动，航运、捕鱼等海上活动是海洋垃圾的主要来源。海洋垃圾分为海洋漂浮垃圾、海滩垃圾、海底垃圾三大类，主要为塑料袋、塑料瓶、聚苯乙烯塑料泡沫快餐盒、渔网和玻璃瓶等。专家们认为，海洋垃圾正在吞噬着人类和其他生物赖以为生的海洋，如果再不采取措施，海洋将无法负荷，人类和其他生物都将无法生存。

　　为了地球的明天，所有人都应该增强海洋环保意识，减少塑料制品的使用，进行垃圾分类，从源头上减少海洋垃圾的数量，共同呵护我们的蓝色家园。

◎变废为宝

　　为了清除海洋垃圾，人类可以说是倾尽全力。各国都在自己的领海建立海洋垃圾检测系统，以掌握海洋垃圾的种类、数量和来源，制订有针对性的计划，然后执行从而达到有效清除的目的。

　　海洋中的重金属和塑料等垃圾，不能简单地填埋或者焚烧，那样会造成土壤和空气的污染，重新将它们利用起来是最好的选择。

　　阿迪达斯公司利用海洋垃圾制造运动鞋，受到人们的好评。此外，阿迪达斯还为皇家马德里和拜仁慕尼黑的球员们制造了一批球衣，它们是由海中的塑料瓶制成的。身为竞争对手的耐克公司也不甘落后，推出了一种完全由废弃物制成的皮革。

海洋荒漠化：来自大海的警告

海洋荒漠化又叫海洋沙漠化，是指在人为作用下海洋（及沿海地区）生产力的衰退过程，即海洋环境朝着不利于人类的方向发展。

◎海洋也会"生病"

自从人类步入文明社会以来，海洋的作用便日益凸显，它不仅为各国贸易提供了通畅的航道，而且还给人类带来了丰富的生物资源、矿物资源等。但是，跟人一样，海洋并不是百毒不侵的，它也会"生病"。特别是近几十年来，由于人类过度开发，很多海域成为了不毛之地，甚至出现类似陆地荒漠的现象。

◎ 原油之祸

　　在讨论海洋荒漠化的原因时,石油常常被一些环保人士提及。原来,人们常常主动(如排放废油)或被动(如漏油事故)地向海洋中排放大量石油,致使很多海面被油层覆盖。

　　那些被油层覆盖的海域无法完成上下层海水之间热量的交换,并且生活在其中的水生物也会因得不到足够的氧气而出现大量死亡。例如,2010年4月20日,美国墨西哥湾发生了一起重大原油泄漏事件,短短一段时间内就造成数千只海獭、斑海豹以及不计其数的鱼类死亡。除此之外,石油中那些含有毒性的化合物也会让污染区内的水生物面临灭顶之灾,并且破坏当地的水质,使那里的渔业资源逐渐衰退。

◎渤海之殇

　　渤海作为我国最北的近海，自古以来便因物产丰富而闻名，甚至一度被誉为"鱼虾摇篮""百鱼之乡"等。但是，随着我国工业化的发展，渤海这个天然渔场的水环境遭受到了严重污染。某些海域海底淤泥中的重金属元素含量大幅超标，而渤海湾以及辽东湾的石油类污染也十分严重。

　　除了水污染外，过度捕捞也加剧了渤海的荒漠化。据调查，与20世纪50年代相比，渤海近年来的渔业生物品种已经出现明显减少，传统经济鱼类资源也出现了大幅萎缩，小黄鱼和带鱼已经好多年没有出现过渔汛。至于渤海引以为傲的对虾，在20世纪70年代的年产量尚可达到2万吨左右，但到80年代对虾资源几乎衰竭。更为糟糕的是，渤海中的食物链也受到了严重破坏，著名的渤海鲳鱼和鲐鱼甚至一度濒临消失。

　　20世纪90年代，随着人工繁育虾苗放流的快速发展，渤海的对虾产量有明显的增加，但仍处于较低水平。人们只有保护好海洋生态，才能让渔场重现往日的盛况。

◎ 影响深远

　　海洋荒漠化除了影响海洋生物外，还会对陆地上的生物构成严重威胁。例如，那些在海洋污染中幸存下来的鱼类在体内也会积累毒素或者重金属，而这些有害物质完全有可能通过食物链传递给鸟类或人类。另外，因石油泄漏而导致的海洋荒漠化还会影响沿岸地区的气候，使那里变得炎热而干燥。

◎ 亡羊补牢

　　海洋荒漠化虽然危害巨大，但也并非无法阻挡，人们可以通过下面的几项措施来应对这种海洋危机：

　　首先，政府以及相关单位要加大宣传力度，增强全民保护海洋的意识；其次，通过立法等手段严禁破坏海岸带，尽最大努力维护好海岸带的原始面貌；再次，加强对海洋环境的监测以及对入海污染源的控制，想办法杜绝近海污染，保护海洋环境；最后，借助现代科技发展人工鱼礁，增殖大型海藻来修复海洋环境，同时也要注意解决过度捕捞的问题。

海底遗迹:
失落的远古文明

科考工作者和潜水员在海底发现了一些建筑物,它们有的保存完整,有的只剩下残骸,它们是古代文明的化石,人类历史的见证者。

◎希拉克莱奥

根据埃及古文献记载,希拉克莱奥是埃及法老时代末期(大约公元前300年)最繁华的港口,也是进入埃及的必经之地,可是人们一直无法找到证据来证实这个文献的真实性。欧洲水下考古研究所所长法兰克·古迪优没有放弃希望,一直在搜寻希拉克莱奥的下落。法国原子能委员会特地为他开发了一款核磁共振仪,这个仪器可以侦测到被磁场扰乱的海床,进而找出造成干扰的物体。

1999年,古迪优利用共振仪在埃及北部的阿布基尔湾探测到了一些古代城墙的断层。经过多年勘察,考古学家找到了一百多座和雕像

残片，其中一间神殿墙壁上的象形文字表明这里就是希拉克莱奥。

希拉克莱奥建造在一层薄薄的淤泥上，下面是含水的黏土，地基本来就不牢。科学家推测，也许某次海啸使得原本就不牢固的地基压力大增，导致地面下降，最终被淹没。

◎ 与那国岛的海底遗迹

与那国岛位于琉球群岛的八重山群岛中。20世纪90年代，日本的一名潜水导游在与那国岛海底发现一处古代废墟。

这座古代废墟东西长约200米，南北宽约140米，最高处约26米，主要由石头砌成，所有的石块都打磨得很整齐。经过十几年的调查研究，考古学家们又在遗迹附近找到了金字塔形建筑和巨大雕像，雕像和埃及狮身人面像十分相似。

古城已经有一万多年的历史，一些考古学家认为，那个时候正是地球最后一个冰河期。此后海水不断上涨，将古城吞没。这儿可能是人类最早的文明。不过，也有学者持反对意见，他们认为古城表面的岩层是没有办法人工开凿而成，所谓的"古城"是自然形成的。

克利奥帕特拉七世是古埃及托勒密王朝的最后一任女法老，她才貌出众，聪颖机智，民间称她为"埃及艳后"。

埃及艳后统治古亚历山大城20年。公元5世纪，一连串的地震将亚里山大城瓦解，从此沉入水底。埃及艳后居住的岛屿——安提霍斯也沉没在波涛之中。

1996年，探险家法兰克·吉欧迪欧领导的潜水团队根据希腊文献中的描述，找到了安提霍斯沉没的地方。他们在海下发现了大量保存完好的文物，包括罕见的爱西斯女神雕像、皇城的地图、狮身人面像、罗马奥古斯都皇朝的黑色大理石等。

早在2009年，埃及政府就计划建造一座巨大的博物馆，落成后，游客便可以欣赏到沉没水中的珍贵文物。他们甚至还打算在水下修建一条玻璃纤维隧道，让游客得以与皇宫遗址亲密接触。可惜的是，后来由于埃及政局动荡，此计划被迫中止。不过现在随着埃及局势逐渐稳定，也许这座博物馆有一天会出现在世人面前。

© 帕夫洛彼特里

　　帕夫洛彼特里是古希腊的一个港口，现在位于地中海之下，距离水面仅有4米，是已知的最早沉没的城市之一。

　　本来人们认为帕夫洛彼特里已经被地震或海啸摧毁了。1968年，英国南安普顿大学海洋地质学家尼古拉斯弗莱明在地中海调查中发现了城市遗迹，而且轮廓保存完整。遗址上散落着公元前1600年到1100年的古希腊迈锡尼文明时期的破碎陶器。

　　2009年夏天，英国诺丁汉大学考古学家乔恩·享德森与希腊考古学家伊·利亚斯·斯朋德利斯利用激光定位技术和声呐扫描技术对该遗址进行了细致的探测。

　　他们发现，帕夫洛彼特里遗址比1968年弗莱明所估计的要大得多。此外，他们还发现了两块巨型石刻墓碑、一个大型会堂和一些公元前2800年的陶器。这些都说明，帕夫洛彼特里的重要性远超人们的想象，它或许是古希腊拉哥尼亚王国的主要城市之一，也或许是特洛伊战争中勇士们远征出发的港口。

科考船：
海上的"移动实验室"

科学考察船是指用于调查研究海洋水文、地质、气象、生物等特殊任务的船舶，是科学家探索海洋最重要的工具。

◎海洋探索

第二次世界大战结束后，世界迎来了和平发展的好机遇，海洋调查也在如火如荼地进行着。

最早用于海洋调查的船是用一些旧船只改造的。20世纪50年代末期，电子计算机技术得到了应用，海洋调查设备也开始更新换代，旧船改造已经不能满足需求，各国掀起了制造科学考察船的热潮。

1959年，苏联建成6000吨级综合海洋科考船"罗门诺索夫"号；1960年，美国建成3400吨级的"测量员"号海洋科考船；1962年，美国建成"阿特兰蒂斯II"号海洋科考船；1962年，英国建成3100吨级"发现"号海洋科考船；1977年，德国改造建成4700吨级"太阳"号海洋科考船。这些都属于"第一代海洋科考船"。

我国的海洋事业虽然起步较晚，但是没有错过这次海洋科考的浪

潮,成为第一批专门设计建造海洋科考船的国家之一。1959年7月,我国开始自主设计建造第一艘海洋科考船"气象1"号,这是一艘气象调查船。1965年,我国建成了综合调查船"东方红"号;1969年,建成3000吨级综合调查船"实践"号。

　　这一时期建造的科考船缺点很明显,船舶噪声比较大,实验室设备不完善,数据处理能力低下,这些都严重制约了海洋事业的发展。

◎ 更新换代

自20世纪80年代末至今，国内外先后出现了一批全新的科学考察船。1984年，美国改装建成的18000吨级大洋钻探船"决心"号；1997年，美国建成3600吨级的"阿特兰蒂斯III"号；2007年，英国建成5800吨级的综合科考船"詹姆士·库克"号；2007年，日本建成57000吨级的大洋钻探船"地球"号。

新一代的科考船采用全新的设计理念，应用了电力推进系统和动力定位系统，操作系统已经实现全自动化。船上的实验室更加专业，计算机网络技术的进步也弥补了数据处理方面的不足。

20世纪80年代后期，我国海洋科考船的新船建造出现了一定程度上的迟缓。这段时间除了自主建造的"东方红2"号之外，另外从国外购买并改装了"大洋一号""雪龙"号，虽然这些船只的功能比起第一代要好得多，能够深入极地进行考察，但是数量太少，无法满足我国海洋科学发展的需要。

进入21世纪，我国的海洋科考船进入发展的高峰期，"实验1"号、"海洋六"号、"科学"号、"向阳红"号等科考船先后问世。

◎ 自动气象站

　　海上的天气变幻莫测，为了确保航行的安全，每艘科考船都没有自动气象站，用来观测风速、风向、气温、湿度、气压、雨量、能见度、海表温度、光照强度等。

◎ 采样设备

　　科考船的一项重要工作就是采集样本，船上的采样工具琳琅满目。如浮游生物采样网、采集沉积物的箱式采泥器、重力柱采样器和振动柱采样器，还有功能强大的水下机器人。

◎ "科学"号海洋科考船

　　"科学"号海洋科考船由中科院海洋科学研究所订造，具有全球航行能力及全天候观测能力。"科学"号科考船于2012年建造完成，2015年4月通过国家验收，标志着我国海洋科学考察能力实现新的突破。

　　"科学"号能够在海上持续航行60天。船上配有先进的可控被动式减摇水舱系统，能够抵御12级大风。装配的升降鳍板、侧推加盖及翻转机等设备，均为国内首创。

　　"科学"号采用的吊舱式全回转电力推进系统，将船舶上所有设备、设施使用的新能源都用"电"来控制，是目前国际上最先进的推进方式之一，一台发电机组可以推动一艘5000吨的轮船每小时航行12海里（约22千米），经济、绿色又环保。

海上钻井平台：海洋开发基地

海上钻井平台是用于钻探井的海上建筑物。平台上装有钻井、动力、通信、导航等设备，以及安全救生和生活设施，是海上油气勘探开发不可缺少的手段。

◎发现石油

人类发现石油和天然气，已经有几千年的历史。早在公元前10世纪，古埃及、古巴比伦和古印度等文明古国就开始采集天然沥青（石油的一种转化物），用于建筑、防腐、黏合、装饰、制药。公元前3世纪，我国四川地区已经开始利用天然气熬制食盐了。

起初，人类只是利用自然溢出的石油和天然气，到了18世纪时，法国、俄国、缅甸等国家开始用钻井的办法开采石油。当时钻井的方式很原始，主要靠手工挖掘，采油的方式是让石油自然流出或者人工打捞，效率低下，无法扩大规模。

◎第一口油井

19世纪50年代，人们掌握了蒸馏技术，可以把原油提炼成煤油。煤油灯比起蜡烛要方便得多，一下子成了畅销商品。这个巨大的商机，商人们自然不会错过。

弗朗西斯·布鲁尔是一名医生，老家在美国宾西法尼亚州的泰特斯维尔村，村子里有个希巴德农场，是个天然的油矿。布鲁尔买下了这个农场，1854年，他同乔治·比斯尔等人成立了宾夕法尼亚岩石油公司，这是世界上第一家石油公司。

布鲁尔的生意并不顺利，几经周折，希巴德农场落入塞尼卡石油公司的手里。埃德温·德雷克是塞尼卡石油公司的一名股东，他决定在希巴德农场开凿更多的油井。德雷克买了一台6马力的蒸汽机，自己设计了机房和井架，又雇了位帮手，就这么开始钻井了。

钻井的进程非常缓慢，每天只能钻1米。20多天后，石油终于冒了出来。德雷克利用手动泵将原油抽出来，每天可以得到30桶石油，商人们闻讯纷纷前来收购。

这是世界上第一口用机器开凿，并用机器抽油的油井，被称作"德雷克井"，它揭开了石油工业的序幕。

◎ 到海上去钻井

石油逐渐成为现代社会最重要的资源，人们又把目光投到了海上。1897年，工人们在美国加利福尼亚州的一片海滩上架起一座76.2米高的木架，把钻机放在上面打井，这是人类首次尝试海上钻井。

1936年，美国发现墨西哥湾的陆地油矿一直延伸到海中，于是他们成功打造了第一口海上油井，并建造了一个木质结构的生产平台，两年后的1938年，这里成为世界上第一个海洋油田。

第二次世界大战后，木质结构平台改为钢管架平台。1966年，英国和挪威共同开发了北海油田。它位于水下100米，附近环境恶劣，海浪高达30米。北海油田的开发标志着海上油田技术的成熟。

◎ 海上钻井平台

海上钻井平台分为两种，固定式和移动式。

固定式钻井平台是一个从海底架起的庞然大物，上面铺设甲板，用来放置钻井的机械设备。固定式钻井平台最大的优点是稳定性好，但是一般只能在浅水区搭建，经济性也比较差。

移动式钻井平台可以上下活动，它有一个"沉垫"。沉垫就是平台中可以上下移动的地方。往沉垫中注水，平台就慢慢下降，到达海底后，即可进行钻井作业；将舱室中的水排出，沉垫就会浮起来。

◎ "蓝鲸"号

　　2017年2月，由我国自主研发制造的"蓝鲸1"号半潜式钻井平台在山东烟台交付使用。"蓝鲸1"号重达42000吨，甲板面积相当于一个足球场大小，从井底到钻井架顶端有37层楼高，是当时全球作业水深、钻井深度最深的半潜式钻井平台，适用于全球深海作业。与传统单钻塔平台相比，"蓝鲸1"号配置了高效的液压双钻塔和全球领先的西门子闭环动力系统，可提升30%作业效率，节省10%的燃料消耗。

　　半年后，"蓝鲸1"号的妹妹"蓝鲸2"号也交付使用，与姐姐一起参与海底可燃冰的开采！

海水淡化：
未来的饮用水来源

海水淡化，顾名思义，就是把海水变成淡水。利用海水淡化技术可以增加淡水总量，保障更多居民的生活用水。

◎ 水资源短缺

地球是太阳系八大行星中唯一被液态水覆盖的星球，这也是地球能产生生命的原因。水是构成生命的主要成分，并且承担着许多的重要功能。

地球上水的总量约有14亿立方千米，不过可惜的是，淡水资源仅仅占据其中的2.5%，而且约70%的淡水被冰封在南极和北极，人类无法利用。

随着人口的日渐增多，工农业的不断发展，淡水资源的消耗越来越大。根据联合国的报告，预计到2025年，世界上会有30亿人面临缺水问题。我国人口众多，人均淡水资源仅为世界人均资源的 27% 左右，全国600多个城市，一半以上都有不同程度的缺水问题。

◎ 利用海水

15世纪到17世纪，欧洲地区展开大规模的跨洋航行，开启了"大航海时代"。欧洲的探险家们在海上旅行时，使用船上的火炉将海水煮沸，水蒸气遇冷凝结就形成了蒸馏水。这是人类最早利用海水获得淡水的方式。

现在所说的海水淡化技术，可远远不止是"烧开水"那么简单了。第二次世界大战之后，随着水资源的短缺，大型化的海水淡化装置逐渐被制造出来，电渗析法、反渗透膜法、多级闪蒸等技术大大推动了海水淡化产业。

◎ 常见的海水淡化方法

低温多效蒸馏：让加热后的海水在多个串联的蒸馏器中蒸发。蒸发出来的水蒸气被送往下一个蒸馏器中，这样一方面使蒸汽液化为淡水，另一方面可以加热下一个蒸馏器。这是最节能的蒸馏法之一。

多级闪蒸：海水在压力突然降低的情况下，会有一部分急剧地蒸发，称为"闪蒸"。利用这种特性，将海水加热后，依次通过多个压力逐渐降低的闪蒸室，然后得到淡水。这种方法是目前最成熟的大规模淡化技术，安全性也很有保障，沙漠地区的国家大多采用这种方法。

反渗透膜法：生物体内的细胞膜是一种半透性膜，营养物质可以通过它进入细胞，但是有害物质可以被它阻挡在外。科学家们由此模仿发明了反渗透膜。这种人工膜的膜孔非常小，水分子可以从中穿过，水中的溶解盐类、微生物、有机物、胶体等则无法穿过膜孔。所以，人们可以通过加压的方式强制海水流经反渗透膜，这样一来，海水中的水分子便穿过膜孔跑到膜的另一侧变为了淡水，而海水中的溶解盐类、微生物等则被截留了下来。

◎海水淡化现状

全球的海水淡化厂现有1万多座，每天的产量在2010年时便已超过5000万立方米，解决了近1亿人的饮用水问题。

我国的海水淡化产业是从20世纪50年代起步的，截至2017年底，我国的海水淡化工程已经建成136个，日海水淡化量为118.91万吨。我国的海水淡化以北方沿海城市为主，主要是用作工业用水，饮用水目前商业化不高。

我国目前的海水淡化产业同先进国家相比，仍然有着不小的差距，系统设计、装备制造等方面没有掌握核心技术。为了追赶先进国家的步伐，我国政府近年来一直鼓励相关企业发展海水淡化技术，并与各方合作以期完善国内的海水淡化市场。2015年发布实施的《水污染防治行动计划》更是明确指出：要积极推动海水利用，在有条件的城市，加快推进淡化海水作为生活用水补充水源。

航空母舰：
海上的军事堡垒

航空母舰是一种大型水面舰艇，是世界上最庞大、最复杂、最具威力的武器，是一个国家综合国力的象征。

◎ 从军舰上起飞

1910年11月14日，美国飞行员尤金·伊利驾驶一架双翼飞机从"伯明翰"号巡洋舰上起飞，安全降落到了附近的一处海滩。两个月之后，伊利驾驶的这架双翼飞机成功降落到"宾夕法尼亚"号巡洋舰上，之后，再次从甲板上起飞。从此，人们发现了舰船的另一个用途：作为飞机的起降台。

◎ 航母战斗群

航空母舰的主要作用是作为战斗机的发射平台，可以瞬间投射大量的空中火力，但是

航空母舰自身的防御能力比较差，所以航空母舰通常采用编队作战，与巡洋舰、驱逐舰和潜艇等组成航母战斗群，航母位于战斗群的中心，受到层层保护。

巡洋舰是航母的护卫中枢，一般一个航母战斗群拥有一到两艘巡洋舰。巡洋舰功能多样，可以反潜艇和防空袭，配有巡航导弹，具备超长距离的打击范围。

驱逐舰协助巡洋舰进行防卫，扩大战斗群的防卫圈，一般情况下会配备三艘，同样具有反潜艇和防空袭的能力。

反潜护卫舰或巡防舰搭载高端的潜艇侦察设备，也有一定的防空作用，一般情况下会配备一艘。

攻击潜艇一般情况下会配备两艘，用于警戒和攻击水下目标。另外携带有巡航导弹，可以远程打击陆上目标。

补给舰一般情况会配备一到三艘，供应燃油、弹药、食品、零件等补给品，专门在战斗中给予队友后勤支持。

算起来，一个航母战斗群一共有10艘左右的舰艇，似乎并不算多厉害，但是加上舰艇上装载的飞机和导弹，一个航母战斗群的防御、攻击范围可达几百至2000千米，是名副其实的海上堡垒。

◎ 改造成功"辽宁"号

我国拥有内海和边海约470多万平方千米的水域面积，发展航空母舰是保卫我国领海、领土、领空的必要举措。

抗日战争期间，爱国将领陈绍宽曾经向国民政府提出制造我国航母的计划，但是由于国民政府的错误方针，该计划没有能够实施。

"瓦良格"号航空母舰是苏联在1985年开始建造的，但由于苏联在20世纪90年代初解体，"瓦良格"号航空母舰没有竣工。

后来，我国决定从乌克兰购买未完工的"瓦良格"号航空母舰。2002年3月，"瓦良格"号航母从乌克兰被拖到大连。2005年4月，"瓦良格"号进入大连造船厂，我国的航母制造正式开始。

2012年9月25日，"瓦良格"号改造完工，被命名为"辽宁"号，交付我国海军使用，这是我国拥有的第一艘航空母舰。

"辽宁"号是一艘常规动力航母，满载排水量为60000多吨，最上层是飞行甲板，甲板以下有十几层，共有3000多个舱室，通道总长有几十千米，就像一个迷宫一般。航母有"海上城市"之称，"辽宁"号功能齐全，有超市、邮局、餐厅、健身房、垃圾站等，船员们可以在船上过上舒适的生活。

◎ 自主研发"山东舰"

"瓦良格"号航空母舰的改造成功，为我国自主建造航空母舰积累了宝贵的经验。2017年4月26日上午，我国第二艘航空母舰在大连造船厂举行了下水仪式。这艘航空母舰由我国科研人员自主研发，是真正意义上的国产航空母舰，标志着我国航母制造水平进入了一个全新的阶段。

2018年5月13日，该舰从大连造船厂码头启航，赴相关海域执行海上试验任务，并于2018年5月18日圆满完成首次海上试验任务。

2019年12月17日，该舰在海南三亚的军港交付海军。经中央军委批准，我国第一艘国产航母命名为中国人民解放军海军"山东舰"，舷号为"17"。

潜艇：
水下战略武器

潜艇又称潜水艇，是指能够在水下运行的舰艇。艇身一般是黑色流线型，也被称为"黑鱼"，在现代战争中有着巨大作用。

◎达·芬奇的奇思妙想

文艺复兴三杰之一的达·芬奇是一位天才的发明家，他曾经构思过一种"能够在水下航行的船"。不过，中世纪的人们认为这样的能力属于"恶魔"，因此达·芬奇并没有将他的想法变成设计图。

在达·芬奇之后，科学家们不断尝试，希望发明一种既能在水面航行，又能潜入深海的设备。1620年，一名荷兰人制造出了历史上第一艘潜艇，它是一个球体，用一根绳子绑在船下，靠船桨提供动力。

1680年，意大利发明家博列里经过对鱼类的长久观察，发现鱼类之所以能够在水中上浮和下沉，关键在于鱼鳔。鱼要浮起来的时候，它就放松肌肉，使鳔内充满空气，这样它受到的浮力就会变大；收缩肌肉，鳔变小了，鱼就会下沉；当鱼受到的浮力与自身重力相同的时候，鱼就会保持不沉不浮的稳定状态。

博列里根据鱼鳔的原理，经过多次实验，制造出了现代意义的潜艇。

◎战场新星

探索水下的潜艇问世之后，很快就有人发现了它的军事价值。1648年，英国人约翰·维尔金斯明确指出了潜水艇在军事上的优势：秘密前往任务地点而不被发现；不会受到海面极端天气的影响；能有效地击沉船只；优良的水下实验室。

历史上第一艘军事潜艇出现在美国南北战争期间。耶鲁大学的大卫·布什奈尔设计了一艘名为"海龟"号的潜艇。"海龟"号带有一个水舱，打开阀门就能注水，装水以后它就能潜入水下，最深可以到达6米处。艇内还有手动压力水泵，可以排出水舱内的水，使潜艇上浮。"海龟"号只能容纳一个人，外部有一个可以定时的炸药包。1776年，"海龟"号企图袭击英国皇家海军"老鹰"号，但是没有成功。

◎ 全新动力

早期的潜艇都是用人力驱动的。18世纪，蒸汽机问世。19世纪50年代，法国海军的一名工程师提出制造蒸汽动力的潜艇。1863年，"潜水员"号潜艇面世，舰体是海豚形的使用一部功率为59千瓦的蒸汽机作为动力。由于技术方面的限制，"潜水员"号潜艇水下航行稳定性特别差，而且无法长时间提供空气，最终"潜水员"号以失败告终。

"潜水员"号的失败使工程师们明白蒸汽不适合做潜艇的动力。1886年，英国成功地建造了一艘使用蓄电池动力推进的潜艇，这下科学家们找到了正确的方法。

1897年5月17日，56岁的爱尔兰潜艇科学家约翰·霍兰制造出了一艘长约15米的潜艇，它有两个发动机。在海面上航行时，以汽油发动机为动力，潜水时以电动机为动力。这艘"霍兰Ⅵ"号潜艇是潜艇发展史中的"传奇人物"，被誉为"现代潜艇的鼻祖"。

◎ 大放异彩

1914年，德国的一艘潜艇在一个多小时内，接连击沉三艘英国巡洋舰，让全世界都见识到了潜艇的强大战斗力。

据统计，第一次世界大战期间，各国的潜艇一共击沉了5000多艘轮船，仅德国潜艇就击沉了1300多艘商船。第二次世界大战前夕，全球已经有了600多艘潜艇。

◎核潜艇

第二次世界大战期间的潜艇暴露出一个问题，就是蓄电池的续航能力严重不足。1946年，美国开始研究用核反应堆代替蓄电池，并于1954年制造出了世界上第一艘核潜艇——"鹦鹉螺"号。

1968年，我国091型核潜艇在葫芦岛船厂动工建造，1974年8月7日，交付海军使用。这是我国第一代核潜艇。

1983年，092型核潜艇交付海军使用，它也是第一代核潜艇。091型是攻击型核潜艇，装备的武器是鱼雷、反舰导弹等。092型则是战略型核潜艇，装备有弹道导弹。

1998年，093型核潜艇在辽宁渤船重工开工建造，2006年开始服役。这是我国第二代攻击型核潜艇，比起第一代潜艇，093型核潜艇在隐蔽性、武器配备和传感器系统方面更加强大。

094型核潜艇是我国第二代战略核潜艇，也是我国目前排水量最大的核潜艇，目前有6艘正在服役。

潜水器：
海中的探险者

潜水器又称深潜器、可潜器，可以潜入几千米深的海下，执行水下的打捞、勘探和开发等任务，是海洋研究的重要工具。

◎寻找沉船

在一些探险类的电影中，主人公们会在海底发现沉没已久的轮船，在其中发现珍贵的宝藏，当然，也可能会遇到巨大的危机。500多年前，人们就热衷于利用潜水器在沉船中寻宝。早期的潜水器是没有动力的，人们利用水袋或者重物使其下潜，使用绳索使潜水器与水面上的船相连，潜水器通过绳索回到船上。随着设备的日趋先进，许多沉睡已久的宝藏陆续与世人见面。

1985年，美国海洋学家罗伯特·巴拉德乘坐"阿尔文"号潜水器发现了一处游轮残骸，就是著名的"泰坦尼克"号。2018年10月，考古学家利用无人潜水器，在黑海发现了一艘在海底沉睡了2400年之久的几乎完好无损的沉船，这也是迄今为止发现的世界上最古老的完整沉船。

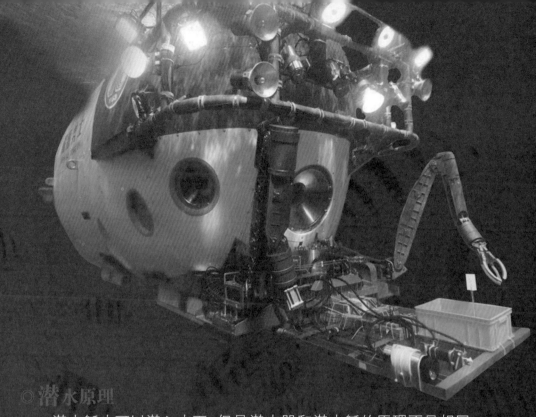

◎潜水原理

潜水艇也可以潜入水下，但是潜水器和潜水艇的原理不尽相同。

潜水艇的内部拥有水舱，舱门打开后，放水进入，潜水艇的质量就会增大，下潜到水底。当需要上升的时候，往水舱中注入空气，利用气压将水排出，潜水艇就会浮上水面。

潜水器下潜的工具是压载铁。潜水器在下水之前，科学家们会设定一个下潜深度，工作人员计算出下潜深度的海水密度，从而判断潜水器需要带上多少压载铁。下潜到指定深度的时候，潜水员就会扔掉部分压载铁。

另外，潜水器上还带有升降用的螺旋桨，螺旋桨向下推水，这样就产生了向上的力，与重力抵消，潜水器就可以稳稳地停在海中。海下作业完成之后，将所有的压载铁都扔掉，潜水器就会升至水面。

◎载人潜水器

　　潜水器具有海底采样、水中观察测定以及拍摄录像、照相、打捞等功用，广泛应用于海洋基础学科的研究和海洋资源的调查、开发，海下旅游等领域。潜水器分载人潜水器和无人潜水器两大类。

　　1928年，美国人奥蒂斯·巴顿发明并建造了第一艘球形深海探测装置。1930年，巴顿和另一名博物学家威廉·彼博一起乘坐这个球形装置下潜到距海面245米的深度；1932年，他们又下潜到了923米的深度。1945年，瑞士探险家奥古斯特·皮卡德发明了深海潜水器"弗恩斯三"号，后来他又改进建造了第二艘潜水器，命名为"迪里亚斯特"号。1960年，皮卡德的儿子雅科斯和美国海军上尉唐·沃尔什搭乘"迪里亚斯特"号下潜到马里亚纳海沟10916多米的深处，创造了新的奇迹。

◎水下机器人

　　无人遥控潜水器又被称为"水下机器人"。20世纪70年代中期开始，水下机器人迅速发展。1995年，日本研制的"海沟"号水下机器人成功地探测了马里亚纳海沟，水深为10911.4米。2009年5月31日，美国伍兹霍尔海洋研究所研制的"海神"号机器人潜艇成功下潜到约11000米的

深海中，创造了新的深潜世界纪录。

我国自主研制的"海龙Ⅱ"号无人遥控潜水器，已用于3500米以下大洋海底调查、水下取样、检测维修，以及海上救助打捞等水下遥控作业，是目前我国下潜深度最大、功能最强的无人遥控潜水器。

相较于载人潜水器，水下机器人可以在危险环境、受污染水域和能见度较低的深海区执行任务。它们不需要呼吸，因而能够长时间作业。但是海底信号较差，海水的流动情况又时常变化，操作精度还有待提升。

◎ "蛟龙"号载人潜水器

海底的压力十分巨大，深海的鱼类在上浮过程中就因压力的变化而死亡。潜水器必须能够承受海下的巨大压力，这对于材料、结构的要求极高，尤其是载人深潜作业技术，全世界只有美、法、俄、日、中五个国家掌握。

"蛟龙"号是第一艘由我国科研人员自主研究设计的载人潜水器，是目前世界上下潜能力最强的作业型载人潜水器。2012年6月，"蛟龙"号在马里亚纳海沟完成了下潜7062米的任务。

"蛟龙"号搭载自动航行系统，潜水员可以摆脱驾驶的任务，专心进行观察和实验。"蛟龙"号装有4个螺旋桨，两条机械臂在工作的时候也会来回摆动，但它拥有极佳的悬停技术，即使是在海底暗流涌动的情况下，依然可以"岿然不动"。世界上其他国家的潜水器都没有如此好的稳定性。

深海探测技术：
大海到底有多深

人类目前还无法潜入海底的最深处，但是我们依然可以得知海底的面貌，这就要归功于海洋探测技术了。

◎难于上青天

1969年，美国"阿波罗11号"航天飞船成功发射，人类第一次踏上了月球。然而直到今天，人类仍然无法潜入海底的最深处，因为科学家还没有研制出能够承受海洋最深处压力的材料，再坚固的潜水器也无法长时间作业。无法到达海底的最深处，这就给海洋探测工作带来了很大的麻烦，当然，这也激励着更多的人去探索这个未知的领域。

◎结绳探测

1872~1876年，英国"挑战者"号考察船首次进行了全球海洋科学调查，总航程12.75万千米。当然，"挑战者"号上的科研人员也进行了一些深海探测。

那个时候，人们只能在绳索上绑铅块或者炮弹，然后沉到海底，触底之后再回收过来。这种方法是用来测量海底的深度，知道

了海底的深度，也就可以大概绘制出海底地貌。然而，当时的人们显然想得太简单。

　　海水越深，就得用越长越粗的绳索，也就越难感觉是否已经触及海底。深海的海流很强，容易让绳索变弯，而且在深水海域，绳索的放下、收起极其浪费时间。

　　最终，"挑战者"号只探测了492处地点，这跟它的航程比起来，显然太少了。

◎电磁波并不好使

　　20世纪初期，雷达被发明，它能够检测到远处的物体。科学家们就想利用雷达来进行海底探测，但是结果并不理想。雷达发射的是电磁波，电磁波在水下几乎无法传播，所以，指望用雷达来探测深海是不可能的。

◎回声探测仪

电磁波虽然在水中无法传播，但是声音可以。声波是机械振动波，很难被海水吸收，所以能传播很远。因此，科学家们想到可以利用回声来探测海底。

20世纪20年代，德国"流星"号考察船在南大西洋首次使用回声测深仪，从船上向海底发出声波，很快就会被反射回来。声音在水中的传播速度大约是每秒1500米，只要测出发出声音与接收到回声的时间差，就可轻易地计算出深度。在航行过程中，如果不间断地发声并接收回声，就可绘制出一条条海底地形曲线。将大量的海底地形曲线组合起来，通过计算处理就可以获得海底立体图像。

◎声波"扫描仪"

回声技术得到了广泛应用后，科学家们又开发出了许多声学探测方法，旁侧声呐就是其中之一。声呐可以发射出呈扇形的超声波束。从而弥补回声技术发出的声音范围小的局限，轮船可以一边航行，一边对两侧的海域进行"扫描"，一扫一大片。有了这台"扫描仪"，海底的地貌、沉船、生物等全都一览无遗，大大提高了深海探索的效率。

◎ 海面也不能忽视

一直以来，海洋探测的重点都是深海，很少涉及海面。其实，科学家们也很苦恼，海底地形崎岖不平，还有各种各样的矿藏、生物，可以用声波技术区分。但是海面就只有海水，声波无法区分。

这个问题一直到1978年之后才得以解决。1978年，人类发射了一系列海洋卫星，它们位于几万米的高空上，视野良好，而且配备了专门的遥感器，可以随时提供海面的信息，包括海温、海风、海浪、海潮、海流等。20世纪90年代，我国学者严晓海利用海洋卫星提供的资料，编绘出了全球海水温度分布图，首次确定了全球最热的海域，就是"西太平洋暖池"。

◎ 表里如一

雷达虽然无法探测深海，但是可以监视海面的状况，毕竟海面之上没有水。在没有风的时候，人们认为海面是"水平"的，其实这个认知是错误的。因为海面永远都是起伏不定的，只不过有时候海面的起伏无法用肉眼捕捉。当然，这种情况可瞒不过雷达。

令人感到惊讶的是，海平面的起伏居然与海底的地形相对应！海底如果是高山，它上方的水位也比较高，如果是深谷，上方的水位就比较低。这是为什么呢？其原因就在于引力。海底山脉地区质量较大，引力也大，将海水"拉"向自己这边，上方就聚集了更多的海水；反之，深谷地区质量小，常常引力也会小，海平面就下陷。所以，只要观测海面的起伏，就能透过海面"看"到海底，这就是"卫星测高技术"。

这些都是真的吗

现在的海洋与以前相比，变得更酸了。

这是真的。

人类大量使用化石燃料，产生的二氧化碳溶解于海水当中，生成碳酸，导致海水的pH降低，使海洋发生酸化。自工业革命开始以来，全球海洋表面水的平均pH已经从8.2降至8.1。

高纬度地区天气寒冷，所有的港口在冬天都会结上厚厚的冰。

这是假的。

由于暖流和海水盐度等因素的影响，高纬度地区的一些港口常年不结冻，轮船在冬天也可以正常出海，比如我国的大连、旅顺、秦皇岛。

这是真的。

海洋之中也存在瀑布。

由于温差以及盐度差等原因，海洋中还是有可能形成瀑布的。例如，在冰岛与格陵兰岛之间的大西洋海底，就存在着一条巨大的海底瀑布，其名字为丹麦海峡大瀑布。它宽约200米，厚约200米，每秒钟的水流量多达50亿升。

这是假的。
海洋科学发展迅速，目前人类已经探索了海洋中的大部分区域。

海洋的辽阔远超人们的想象。到目前为止，根据世界各国公布的资料，人类一共探索了海洋中5%~10%的区域。对于人类来说，大部分海洋依然是未解之谜。

位于欧洲和亚洲之间的黑海是因海水呈黑色而得名的。

这是假的。

黑海名字的由来与其所处的方位有关。原来，在突厥文化里黑色代表着北方，白色代表着西方，红色代表着南方，蓝色代表着东方。黑海刚好位于古代奥斯曼帝国之北，所以当时的人们都称其黑海，而这一称呼也延续至今。

地球上大部分氧气都来自海洋。

这是真的。

地球表面近71%都是海洋，里面生活有各种各样的藻类植物。藻类植物虽然结构简单，没有根、茎、叶等器官的分化，但它们含有叶绿体或叶绿素，因此能进行光合作用，释放氧气。科学家推测，当前大气中约90%的氧气都来自藻类植物。

更多的秘密

什么是大陆边缘?

大陆边缘是指大陆与大洋盆地的边界地,包括大陆架、大陆坡、大陆隆以及海沟等海底地貌构造单元,分布于各大洋周围,平行于大陆和大洋边界,延伸千余至万余千米,宽几十至几百千米。

海洋中也有热点?

地理学中的"热点"指的是分布在地球表面上的大约40个火山活动地区。它们分布在板块中心和中洋脊上。热点周期性地从地幔深处导出热物质到地球表面,可能直接在地表构成一个火山峰或者海山。

季风是什么?

季风就是季节性吹来的风,最初是指阿拉伯海上风变化,它在一年中有六个月从西南吹来,六个月从东北吹来。"季风"一词来源于阿拉伯语"mausim",意为季节。我国古称信风,意为这种风的方向固定,每年按时到来,很"讲信用"。

什么是海水盐度?

海水盐度是指海水中溶解物质质量与海水质量的比值。几十亿年来,大量的化学物质溶解并贮存于海洋中。如果把全部海水都蒸发干,剩余的盐将会覆盖整个地球达70米厚。

什么是黑潮?

黑潮是北太平洋西部流势最强的暖流,又叫"日本暖流",生成于菲律宾群岛东岸,经我国台湾岛东岸、琉球群岛西侧向北流,直达日本群岛东南岸。黑潮流速大,温度高,盐度高,水色深蓝,远看好像黑色,因此得名。黑潮是我国人民在公元前4世纪最早发现的,18世纪末,日本文献中出现关于黑潮的记载。

为什么海水中会含有那么多的盐分?

科学家认为,海洋含盐与雨水有着很大的关系。原来,降雨时,雨水会溶解地层中的盐分,并经由河水、江水等流到海里。海水受到烈日照射后,水分蒸发,盐分便留在了海里。这种现象已经存在了几亿年,所以海水是慢慢变咸的。

图书在版编目(CIP)数据

潜入深邃的海洋/张康编著. —杭州：浙江科学技术
出版社，2020.5
(奇趣科学探索之旅)
ISBN 978-7-5341-8433-8

Ⅰ.①潜… Ⅱ.①张… Ⅲ.①科技-少儿读物 Ⅳ.
①P7-49

中国版本图书馆CIP数据核字（2020）第033488号

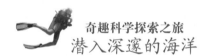

奇趣科学探索之旅
潜入深邃的海洋

编　著	张康	印　刷	浙江新华印刷技术有限公司
出版发行	**浙江科学技术出版社**	开　本	710x1000　1/16
	杭州市体育场路347号	印　张	10
	邮　编：310006	字　数	150 000
	办公室电话：0571-85176593	版　次	2020年5月第1版
	销售部电话：0571-85062597 85058048	印　次	2020年5月第1次印刷
	网　址：zjkxjscbs.tmall.com	书　号	ISBN 978-7-5341-8433-8
	E-mail：zkpress@zkpress.com	定　价	29.00元
设计排版	大米原创		

版权所有　翻印必究
（图书出现倒装、缺页等印装质量问题，本社销售部负责调换）

责任编辑　刘 燕　　　**责任校对**　卢晓梅

责任美编　金 晖　　　**责任印务**　叶文炀